人工智能理论、算法与工程技术丛书

模因计算
——数据驱动优化时代知识迁移的驱动力

Memetic Computation
——The Mainspring of Knowledge Transfer in a Data-Driven Optimization Era

[新加坡] 阿比谢克·古普塔（Abhishek Gupta） 著
王友顺（Yew-Soon Ong）

徐庆征 王 娜 译

国防工业出版社
·北京·

著作权合同登记　图字:01-2025-0356号

图书在版编目(CIP)数据

模因计算:数据驱动优化时代知识迁移的驱动力/(新加坡)阿比谢克·古普塔,(新加坡)王友顺著;徐庆征,王娜译. --北京:国防工业出版社,2025.3.
ISBN 978-7-118-13654-8

Ⅰ.TP274

中国国家版本馆 CIP 数据核字第 202550FT67 号

First published in English under the title
Memetic Computation:The Mainspring of Knowledge Transfer in a Data-Driven Optimization Era
by Abhishek Gupta and Yew-Soon Ong
Copyright © Springer Nature Switzerland AG, 2019
This edition has been translated and published under licence from
Springer Nature Switzerland AG.
本书简体中文版由 Springer 授权国防工业出版社独家出版。
版权所有,侵权必究。

※

国防工业出版社出版发行
(北京市海淀区紫竹院南路23号　邮政编码100048)
三河市天利华印刷装订有限公司印刷
新华书店经售

*

开本710×1000　1/16　插页1　印张7¼　字数116千字
2025年3月第1版第1次印刷　印数1—2000册　定价88.00元

(本书如有印装错误,我社负责调换)

国防书店:(010)88540777　　书店传真:(010)88540776
发行业务:(010)88540717　　发行传真:(010)88540762

译 者

徐庆征,男,博士,国防科技大学副研究员,硕士生导师,陕西省优秀博士学位论文获得者,新加坡南洋理工大学访问学者,国家自然科学基金项目评审专家,研究方向为智能计算理论及工程应用。

王娜,女,硕士,国防科技大学副教授,研究方向为最优化理论及应用。

前言

数百万年前,地球上首次出现单细胞生物。从那时开始,依据进化的指导原则,地球已经逐步形成了复杂的生态系统,其特征是惊人的生物多样性。与此同时,自然选择(或简称为适者生存)机制还赋予了生物体完美的问题求解能力,以便处理和适应自然世界所造成的众多挑战。然而,生物进化是一个极端缓慢的过程,特别是与当今社会中难以置信的技术进步速度相比较时。具体而言,从(单细胞)细菌进化到多细胞生物经历了数百万年。然而,在短短的三个世纪内,人类文明已经从世界上第一辆陆基机械车辆发展到了超声速飞机、宇宙飞船、无人驾驶飞机等。这种凭借技术进步而产生的社会彻底变革,受到了与生物进化过程相类似过程的支配。该过程存在于一个完全不同的空间中,即科学知识、文化和思想;它们存在于我们的大脑中,并且能够在人群间几乎立即地(至少,与遗传特征的传播速率相比较时)传播开。自从达尔文时代,人们就着手研究文化信息(知识)的传播。但是,直到 1976 年,Richard Dawkins 撰写了专著《自私的基因》,首次提出术语"模因论"以概括这个主题,并将可传递信息的基本单元称为"模因"。

本书的主题是模因计算,它是一种崭新的计算范式,明确地将上述模因的概念整合为知识的积木块。在搜索和优化领域,这些模因能够推动人工进化系统的性能完善。在过去几十年间,研究者已经反复证实,充分利用启发式信息能够加速收敛过程,具有明显优势。但是,模因计算的独特性基于如下事实:这些启发式信息不再需要人工指定。此处,按照数据驱动优化的观点,模因计算能够揭示并利用在搜索过程中在线生成的大量数据,使其能够立即自主地精心设计出一些定制化的搜索行为。因此,它能够为优化算法创造出通用的问题求解能力(也称通用人工智能)铺平道路。此外,与他们的社会文化起源相类似,模因计算表征不再局限于一个优化算法内(称为"假想大脑"),而是能够在多个优化算法之间同时传播以适应不同任务(称为"在大脑间跳跃")。我们将这种输出结果视为机器思考的一种类型,至少在原则上,它承诺带领人类走出算法设计的循环。

必须强调的是,撰写本书的动机并不是提出另外一种受自然启发的全局优化算法。目前,模因算法的(相对狭隘的)解释是:人工指定的局部搜索启发式方法和一些基本优化算法的一种有机结合。我们需要进一步澄清,本书并未采用这种阐述。相反,我们的目标是,将模因计算的综合实现清晰地理解为一种同步地问题学习和优化范式。该范式能够潜在地展现出与人类相类似的问题求解能力。为了这个目标,我们描述了一系列数据驱动方法,这些方法使得优化算法能够获得随着时间不断增强的智能水平。这种能力主要是通过各种各样(计算上已编码的)模因的自适应集成来实现的,这些模因会随着经验以及各个算法或系统间的相互作用而不断累积。有必要指出,人们普遍认为,本书所提出的这些方法与云计算和物联网等现代计算平台之间,在实际可部署性方面保持着良好的一致性。这些计算平台承诺促进大规模数据存储和机器间的无缝通信。我们确信,伴随着这些计算平台的广泛应用,模因计算的这些突出特征一定会在将来的优化算法中占据中心舞台。

　　本书分为两个部分。如果读者对于模因计算的历史和兴起感兴趣,请先阅读本书的第一部分,包括第 2 章和第 3 章,它提供了受模因启发的第一代优化算法的一个总体概述。具体地,第 3 章提供了优化中数据驱动自适应的一个初步认识,特别是与人工设计的局部搜索启发式方法的自动集成相关的内容。另外,如果读者只对模因计算的最新思想感兴趣,则建议读者直接阅读本书的第二部分,它与第一部分相互独立,能够直接阅读和理解。在第 4 章～第 7 章中,模因的概念从(全局搜索＋局部搜索)混合算法的狭隘范畴中解放出来,迅速地转变为体现了完全由机器所揭露的问题求解能力的丰富形式。

　　贯穿于全书的讨论,我们始终坚持简明地提出相关理论论断,以便有助于解释方法论的发展过程。在这方面,我们竭尽全力做出各种努力。这样的话,所有熟悉进化计算经典技术和术语的研究人员都能够理解本书内容。然而,本书并未收录某些对于本领域而言或许不太常见的题材内容。但是,对于我们着手撰写的这本篇幅不大的图书而言,从头开始,详细地阐述所有的必需要素被证明是过于宏大和宽泛的。因此,从第 3 章开始,为了读者全面地理解数学表达式和算法描述,推荐了一些概率、统计和基本机器学习方面的(本科层次的)先导读物。此外,建议读者事先了解一些关于辅助代理或贝叶斯优化技术方面的知识。尽管这些知识不是必要的,但是,这对于读者理解本书是非常有益的。

　　最后,在开始介绍本书正文之前,我们需要感谢许多学生以及同行。在本书写作之前以及写作过程中,他们直接或者间接地帮助了我们的工作。然而,完整地罗列出这些研究者的姓名非常困难。因此,我们利用这个机会,向下列人员表示最诚挚的感谢,他们的研究工作或者建议直接地反映在本书的各个章节中。他们是 Liang Feng 博士、Ramon Sagarna 博士以及博士生(在本书写作时)Bing-shui Da、Kavitesh Bali、Xinghua Qu 和 Alan Tan Wei Min。

Abhishek Gupta
Yew – Soon Ong
新加坡

目录

第1章 引言：模因论在计算领域的兴起 ·············· 001

  1.1 搜索和优化的模拟进化 ·············· 003
      1.1.1 进化计算的致命弱点 ·············· 004
  1.2 专家知识、学习和优化 ·············· 005
      1.2.1 综合模因计算的进阶之路 ·············· 007
  1.3 各章内容概述 ·············· 009
  参考文献 ·············· 011

第一部分
手动设计的模因

第2章 经典模因算法 ·············· 017

  2.1 局部搜索和全局搜索 ·············· 018
  2.2 经典模因算法的伪代码 ·············· 019
      2.2.1 拉马克进化 ·············· 020
      2.2.2 鲍德温效应 ·············· 021
  2.3 数值实验的启示 ·············· 021
      2.3.1 实验建立 ·············· 022
      2.3.2 结果和讨论 ·············· 024
  参考文献 ·············· 026

第3章 模因算法中数据驱动的自适应 ·············· 027

  3.1 自适应的元拉马克学习 ·············· 028

3.1.1　子问题分解 ………………………………………………………… 029
　　3.1.2　与奖励成比例的轮盘赌选择 …………………………………… 030
3.2　可进化性度量 ………………………………………………………………… 031
　　3.2.1　可进化性的随机学习 ……………………………………………… 033
3.3　模因复合体 …………………………………………………………………… 034
　　3.3.1　模因复合体的表达 ………………………………………………… 034
　　3.3.2　模因复合体网络权重的学习 ……………………………………… 036
3.4　高代价全局优化中的多代理 ………………………………………………… 037
　　3.4.1　专家复合体 ………………………………………………………… 038
3.5　结论 …………………………………………………………………………… 040
参考文献 ………………………………………………………………………………… 042

第二部分
机器设计的模因

第4章　模因自动机 ………………………………………………… 047

4.1　多问题环境：一种新的优化场景 …………………………………………… 048
　　4.1.1　模因迁移的定性的可行性评估 …………………………………… 050
　　4.1.2　搜索空间统一的重要性 …………………………………………… 052
4.2　模因的概率形式化 …………………………………………………………… 054
　　4.2.1　大规模、多样化的知识库的作用 ………………………………… 056
4.3　多问题环境的分类 …………………………………………………………… 058
参考文献 ………………………………………………………………………………… 059

第5章　问题间的时序知识迁移 …………………………………… 061

5.1　概述 …………………………………………………………………………… 061
5.2　相关工作的回顾 ……………………………………………………………… 063
5.3　通过混合建模实现模因集成 ………………………………………………… 065
　　5.3.1　学习最优模型回归 ………………………………………………… 066
　　5.3.2　理论分析 …………………………………………………………… 068
5.4　一种自适应模因迁移优化算法 ……………………………………………… 069

5.5 数值实验 ·· 071
    5.5.1 实例 ··· 071
    5.5.2 实际案例研究 ··· 073
5.6 高代价函数优化中的知识迁移 ································ 075
    5.6.1 针对回归迁移的混合建模 ································ 075
    5.6.2 工程设计中的一项研究 ···································· 077
参考文献 ·· 078

第6章 问题间的多任务知识迁移 ································ 081

6.1 概述 ·· 081
6.2 相关工作综述 ·· 083
6.3 自适应模因多任务优化算法 ·································· 084
6.4 数值实验 ··· 086
    6.4.1 实例 ··· 086
    6.4.2 实际案例研究 ··· 088
参考文献 ·· 089

第7章 将来研究方向：压缩模因空间进化 ···················· 091

7.1 基于分类的离散优化 ·· 092
7.2 基于神经网络的压缩表征 ······································ 093
    7.2.1 应用于背包问题 ·· 095
7.3 数值研究 ··· 096
7.4 小结 ·· 098
参考文献 ·· 099

附 录 ·· 101

A.1 基于概率模型的优化算法 ······································ 101

第1章
引言：模因论在计算领域的兴起

1976年，Richard Dawkins撰写了《自私的基因》一书，并首创了社会学语境中的"模因"一词[1]。就如同将基因理解为生物遗传的基本单元那样，我们引入模因的概念是为了表达文化信息迁移的基本单元。作为一门新的科学理论，模因论采用了与达尔文进化相类似的原理，已成为解释贯穿并跨越种群传播信息的一种方式。这种信息传播将导致思想观念、流行用语、潮流时尚、行为模式等的大量扩散。Richard Dawkins指出："借助精子或卵子，基因能够从一个个体迁移到另一个个体，从而实现在基因池中的自我繁殖。与此相类似，借助广义上称为模仿的过程，模因能够从一个大脑迁移到另一个大脑，从而实现在模因池中的自我传播。"简而言之，遗传学与模因概念相结合，能够提供一种理解种群以及他们的行为和文化特征的生物学进化的有效途径。有趣的是，这些隐晦原理的言外之意，并非仅仅局限于社会学和进化生物学领域，也已经渗透到计算机科学领域。特别地，它极大丰富了计算智能（CI）中自然启发式计算子领域[2]。然而，需要指出的是，尽管模拟遗传进化各种特征的众多算法已经存在了几十年，但是，本书所讨论的模因论仍然处于起步阶段。

当今世界，任何人都可能借助互联网获取到位于全球任何地点的大量信息。在塑造社会方面，模因论正在扮演着较以往更加重要的角色。作为模因论对日常生活产生影响的一个常规实例，设想一下，我们面对着一项在工作场所从未遇到过的任务。假设紧迫的最后期限正在临近，在这种情形下，我们的本能反应往往不是从头开始创造一个崭新的解决方案，相反地，典型的做法是，从我们最喜好的网络搜索引擎或虚拟助理处寻求帮助，希望找到一个其他人早先推荐过的相关的解决方案。换句话说，我们的思想会受到其他人思想（模因）的影响，并持续地被重构。相应地,我们也能够将获取的知识传递给我们的同事、朋友等。因此,优秀思想的一个特质是,它能够在种群内快速传播。事实上,该特质具有许多实际意义。可以利用这些容易获取的数据或知识,提供一种更加时间有效或成本有效的获得解决方案的路径,而不是每次都重新创造新方法。有趣的是,大多数情况下,我们似乎总能找到一些解决方案,它们能够精准地满足问题需求,并直接地被模仿或复制。

除了针对特定请求提供响应之外,互联网还使得我们的大脑接触到其他多种信息流,包括产品广告、音乐视频、朋友和家庭的照片等。在地球任何一个角落上传到网络中的所有内容差不多能够立即呈现给所有人。因此,消费者的头脑受到这些互联网模因的影响的比例正在加速提高。事实上,互联网触及的范围是如此广阔,以至于许多商业公司已经开始在社会媒体平台上利用模因的病毒式传播,作为他们推销产品和服务的一种途径。

在本书中,我们提出了一种论断:除了模因论日益增长的社会影响之外,相关概念还能够改变用于问题求解的计算方法的过程。在这方面,我们特别感兴趣的是开发一种强大的搜索和优化能力,该能力构成了任何决策支持系统和人工智能路线的支柱。我们从与优化相关的文献中观察到,传统技术手段主要采用"白板"风格的方法来处理当前的具体任务。也就是说,给定一个待求解的新问题,为了获得理想候选解,搜索过程总是从头开始的。该方法会利用标准搜索算子,并假设处于零先验知识状态。也就是说,我们几乎不关心以往是否已经遇到过相似的问题。显然,许多业已存在的计算实践,与人类已知并行之有效的行为模式并不一致。相反地,受模因启发的算法的显著特征是,特别强调结合各种形式的领域知识或特定领域的启发式算法,并将其作为提升搜索性能特征的一种途径。需要注意的是,这些知识可以是人类专家手动指定的,也可以是从相关数据资源中自动学习到的,而且,启发式算法正成为最新的研究方向。因此,从算法的视角来看,模因已经开始被视为知识的"积木块",这些知识能够从过往经验中学得,并以任意的计算形式加以表述。随后,这些知识能够在多个问题间自适应地迁移以便重新利用。

目前,云和物联网等现代计算基础设施提供了大规模数据存储和无缝通信设备。如果不充分利用大规模可获取的数据池优势,则下一代智能系统将不能从中获得相应回报。我们从自身经验中发现,重要的应用问题具有一种趋势,即重复性。除掉异常情况,影响我们的问题往往也会影响到其他人。这就意味着,通过知识共享我们能够更加有效地获得解决方案。利用这一提示,我们坚信,即便在计算领域,当我们试图从头开始解决(大多数重复性的)问题时,忽视相关数据流中所蕴含的知识只会导致不必要的成本支出。

本章提出在计算智能领域研究活动的一些背景,这些研究活动使得模因论在计算领域得以兴起。我们揭示了受模因启发的计算范例的独特特征,强调了它是如何与呼之欲出的数据民主化时代保持一致的。而且,无处不在的互联网连接加速推进了该时代的到来。我们总结了过去若干年所涌现的、基于模因论的各种类型的算法形态,包括:①模因的不同实现过程,包括手工制造的启发式算法,以及与具有多用途的全局搜索算法相结合的局部精确算法;②从约定好的选择种类中,自适应地在线选择和集成那些手动指定的模因;③将模因的形式化视为计算实体,这些实体潜在地接受各种形式的(特定领域的)问题求解知识。其中,这些知识尚未从对应于某个问题的数据中被发现,而且,能够自发地迁移至另外的问题。最后,简要概述本书后续章节所涉及的主题,作为本章的总结。

1.1 搜索和优化的模拟进化

本节将概述生物学进化的基本原理。此外,将该基本原理的计算模拟视为一个核心功能模块,并嵌入到众多的自然启发式计算智能算法中。自然界通过赋予生物个体完美的解决问题能力,往往能够创造出一种智能设计的幻觉。在处理问题的过程中,自然界展示出简洁且效果显著的本质特征。这种自然现象激发出了一种信念:如果合理地模拟它们,我们就有可能成功地创造出机器智能。从广义上来说,我们特别感兴趣的是人工智能的设计。这种能力在搜索、优化(针对规范性分析)和机器学习(针对预测性建模)方面展现出显著的优势。然而,鉴于本书内容主要来源于全局优化的文献,因此我们着重强调计算智能的这个方面。在过去这些年,这个领域已经取得了许多重要的科学进步,出版了大量广受欢迎的专著[3-5]。更重要的是,与传统的纯数学方法相比较,大量的实际应用确切地证明了这类算法的有效性。特别是在易用性方面,计算智能使得现实世界的特质能够被结合到待求解问题的形式化过程中。

19世纪中叶,Charles Darwin创立了以自然选择(也称为适者生存[7])为核心的生物学进化理论[8],该理论已经成为研究遗传特征跨种群传播的奠基石。概括地说,生物学进化理论为种群提供了一种适应复杂且动态变化的环境的有效方法,这种适应的时间周期经常横跨若干世代。具体地说,与其他个体相比较,那些展现出较高适应度的个体往往生存时间更长,并产生更多的子代个体。其结果就是,由代与代之间(如从父代到子代)的遗传基因的传递决定了,那些共享了最有利于生存的遗传特征的个体将逐步充满整个种群。过去几十年间，在许多随机搜索算法中，针对统计进化过程（包括选择、基因交叉和变异）的计算模拟已经成为算法的必要组成部分。

近年来，大量算法逐步涌现，它们都受到各种形式的生物学进化的启发，统称为进化计算（EC）。进化计算的突出特征之一就是，它的随机搜索机制几乎不需要用户部分的任何领域知识。这也是它被视为一种获得通用人工智能（多用途的问题求解能力）潜在方法的主要原因之一。进化计算与众多传统方法存在诸多不同。传统方法需要慎重构建问题表述形式，以满足算法的作用域。相应地，在典型的进化计算方法中，算法设计的困难之处在于，对生物学进化的不精确模拟并实现控制，例如，保存优秀的（适应的）候选解，并逐步淘汰劣势的（不适应的）候选解。这种表面上简明易懂的思想及其变种已经在许多问题中得到了应用并取得了显著成功，在未知的可行空间中，这些算法能够搜索到令人满意的候选解的结构。特别地，针对具有现实世界特质的问题，在给定充足计算时间的前提下，模拟基本进化原理的算法通常能够收敛到一组令人满意的候选解。

模拟进化过程的第一次尝试可以追溯至进化策略（ES），它以搜索和优化为目的。在20世纪70年代初期，Rochenberg和Schwefel合作完成了这项工作[9-10]。在相同的年代，John Holland开始推广所谓的遗传算法（GA）。他从理论上证明，当遗传算法经历了连续若干代之后，比平均适应度更高的那些遗传"积木块"（短的低阶模式）在出现频率方面呈现指数式增长[11]。许多研究人员认为，该结论是一项重要结果，为遗传算法在实践中取得成功提供了初步理解。除此之外，在最近几十年间，研究文献中还出现了大量的自然启发式随机算法。最著名的算法实例包括：蚁群优化[12]、粒子群优化[13]、差分进化[14]等。因此，为了简单起见，我们使用进化算法（EA）一词来表示这些方法中的任意一种。这是因为它们都被视为进化算法家族中的一员。为了避免任何的模棱两可的理解，我们阐明，此处的进化算法仅仅表示这样一种算法：该算法利用了由个体（候选解）所构成的种群（集合），按照随机个体产生和选择算子，这些个体能够从一代到下一代反复地更新。

1.1.1 进化计算的致命弱点

在过去几十年，进化算法领域涌现了大量的成功案例。近些年，除了增量式修补之外，新算法开发的进度开始显现出停滞迹象。相对于其他人工智能技术（特别是预测性建模领域）而言，这种停滞迹象显得特别突兀。在利用大规模数据流方面，其他技术最近已经取得了显著进步。事实上，这些数据流很可能产生于互联网。在人类生活和工业活动的各个侧面,云计算和物联网的爆发增加了物理设备间的连通性,以及各种各样信息流的快速扩散。但是,令人震惊的是,绝大部分的进化算法(通常是指搜索和优化算法)仍然坚持采用传统的"白板"风格的方式来处理当前问题。

退一步地讲,想象人们设计并制造一款新工程产品的过程。该过程正是进化算法在过往已经被广泛采纳的领域之一[15]。这是因为,在设计过程中,我们感兴趣的目标(和约束条件)的解析形式是未知的,但是,进化算法有能力处理这种黑盒设计优化环境。事实上,许多工程应用经常依赖于非常耗时的物理实验或者近似数值仿真以便开展评估。我们承认,为了达成此处讨论的目标,大多数工程产品通常只能随着时间变化而缓慢地加以改善,这是非常重要的。这是因为,工程师会定期地利用从过往"学到的经验",非常明确地将之前已完成的并运转良好的设计(如结构、材料要素等)嵌入到开发新的目标设计的过程中。从实践的观点来看,这有助于极大地降低工作强度,否则,人们必须从零开始创造一个全新的产品。

如前所述,普通的进化算法已声名狼藉。这是因为,它会消耗大量计算资源,以便产生有价值的结果。该结果并不令人吃惊。这是因为,在自然界中,进化过程的特征之一就是巨大的时间规模。虽然对生物学进化的模拟或许的确能够为通用人工智能提供一条路径,但是,如果不引入任何外部知识,那么,纯粹的进化过程很可能过于缓慢,以至于不能支持那些当今充满竞争的市场所必需的、快速的设计和生产周期。我们承认,伴随着硬件技术的快速进步,在可承受的价格上,这些硬件技术提供了巨大的计算能力。对于众多问题而言,暴力穷举算法或者随机搜索技术(如进化算法)或许仍然有效。然而,这些方法在实践中基本上是无效的。这是因为,它们没有很好地利用从过往或者从其他地方所学习到的经验,当从零开始重新探索相似的搜索空间时,这些方法将不可避免地产生庞大的计算负载。这种认知正是计算智能领域模因论概念的基础。也就是说,"学习"作为搜索的一个基本方面,理应占据中心位置,这项论断产生了第一代模因启发式算法[16]。

1.2 专家知识、学习和优化

基于社会学阐释,模因论为描述算法提供了一种恰当的隐喻。这些算法利用某个感兴趣的特定任务的所有可行信息,能够增强随机进化算法的各种机理[17]。展望未来,现实世界的问题几乎不可能独立存在,意识到这一点显得非常重要。一个实际上有价值的系统,特别是在工业环境中的系统,在整个生命周期内,必须能够解决大量的问题。其中的许多问题是重复性的,至少会展现出许多领域的依赖特性。因此,在设计新的问题求解策略时,明智的处理方法是以人类行为作为学习榜样,从自己或其他人已经遇到过的问题中学习,以便更加高效地解决那些从未遇到过的问题。

通常来说,任何一段的可迁移信息都能够构成一个模因的计算实现。典型地,这些信息可表述为一个高阶模型,该模型能够捕获到那些反复出现的领域特定的模式或规则。在自然界中,我们的大脑每天都要面对大量的社会-文化模因,只有极少数会储存于大脑之中,并在将来被重新唤醒。模因传递模式以及模因自身的类型都是变化多姿的。例如,当我们听讲座、读书或看电影时,头脑中的模因(思想)就会开始发挥作用。如今,我们经常浏览互联网长达数小时。在这段时间内,互联网模因开始展现出显著潜能。在任何情况下,如果明确地引导人们利用从不同源头获取的、具有潜在价值的知识"积木块",那么,我们执行那些已经习得的行动指南,就有希望获得一条更平滑路径。该路径将带领我们在处理复杂问题或状态时,得到一个理想的解决方案。

可以从计算驱动的视角来全面系统地看待与人类相类似的问题求解方式,如图1.1所示。其中,进化算法等基本搜索或优化算法能够在所有可能的解结构空间内开展探索,与此同时,模因模块开始部署并激活最相关的知识"积木块"(即模因)。所有可用资源的在线编组能够增强进化过程,以便更好地适应当前任务的需求,有助于更加有效且高效地搜索。换句话说,产生了同时发生的问题学习和优化的循环往复[18]。该框架的显著特征是,模因既能够从搜索过程中产生的数据中在线学习获得,也能够从过往经验中获得。这些经验储存在优化算法假想的大脑中。更重要的是,模因能够在各种看似不同但可能相关的问题求解实例间传播。与人类情形相类似,该过程并不需要强制地使用任何特定的模因表达形式。基于这些基本概念,在计算领域中,为了获得有效的问题求解,我们将模因定义为反复出现的模式或领域特定的知识,能够采用任意的计算表达形式对其编码[19]。继而,人们创造出模因计算(MC)这一术语,它代表了任何能够表征前述模因概念的计算范式[20]。

模因计算范式的显著特征是,同时进行问题学习和优化方法。通过模拟社会学含义中模因的病毒式传播,知识模因能够自发地从一个大脑传播到另一个大脑(也就是问题间的迁移)。这些计算上已编码的知识模因都是从特定问题求解实例中学习到的。按照这种方式,进化算法等基本搜索或优化算法能够利用从其他相关经验中所获得的优势,更好地处理(之前未曾遇到过的)新任务。

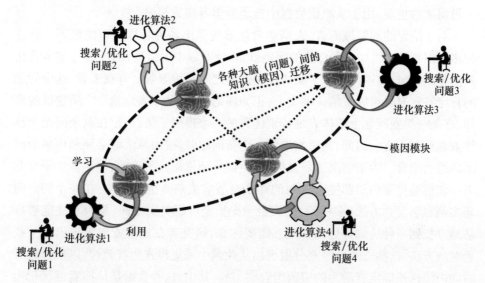

图 1.1　模因计算的范式

▲ 1.2.1　综合模因计算的进阶之路

通常,模因算法(MA)是指受模因启发的第一代算法[16]。时至今日,在模因计算范式中,这些算法或许仍然是获得最广泛认可的一种。与模因计算的综合实现所能提供的众多可能性相比较,模因算法在某种程度上被限定在狭小范畴内。但是,在将模因概念视为领域知识的积木块方面,模因算法取得了显著进展。这些领域知识能够增强通用搜索算法的有效性。具体地,模因算法是一种混合算法,它规定了基于种群的全局搜索算法(进化算法)和一种或多种局部搜索算法(如启发式解的改进、梯度下降法等)紧密结合。局部搜索算法的具体选取,要与特定种类问题的特质保持一致。该局部搜索算法被解释为模因的一种计算表征,并为领域专家将他们的经验知识(尽管是手动地)注入搜索过程提供了机会。离散 0－1 背包问题是一个得到广泛研究的优化问题。该优化问题要求将所有物品放置于背包内,在不违反背包重量的约束条件下使得总价值最大化[21]。如果背包被过度填塞,人们通常采用的候选解修复的启发式方法(模因)就是,按照有效性(即价值和重量之间的比例)逐步递增的顺序开始从背包中移除物品。注意,上述模因涵盖了对于背包问题特征的一种合理的深层次理解。因此,与那些依赖于纯粹进化机制的基本优化算法相比较,该方法通常能够获得显著的性能提升,模因算法的经典形式往往鼓励这种来自于专家的模因。然而,这种方式的负担自然而然地压在了优化实践者的肩头。这是因为,通常不存在一份明确的指南,用于从原始数据中自动地学习相关知识。

对于给定的问题域而言,人们通常能够构思出各种各样的可能模因。在这种多模因环境中[22],一个自然的问题就是,针对域中的所有问题,当与基本优化算法相结合时,模因的任意子集的作用彼此之间是否等效。直观来看,这个问题的肯定答复显得难以置信。事实上,正如理论上"免费午餐理论"[23]所建议的那样,在某一类别问题上整体表现特别优秀的一个模因子集,一定在剩余问题上整体表现差强人意。因此,当每次遇到一个新问题时,模因算法都必须利用多个模因的适当组合。为了解决这一挑战,且不额外地依靠人工干预,模因算法研究的下一波浪潮将聚焦局部搜索机制的在线自适应策略。也就是说,在一个特定问题实例和启发式方法(多模因)的大量预先指定可能类别之间,模因算法能够自动地寻找到一种恰到好处的匹配。需要注意,研究者在这个方向上提出了一些著名的方法,这些方法已经充分展现出从数据中采集模式的有效性,以便在运行时间内快速地确定有潜力的模因组合[24-26]。其中,这些数据是从搜索或优化运行过程中获得的。当自适应模因选择和进化算法相结合时,人们已经报道了性能提升方面的大量实验结果。这是因为,在个体种群进化的过程中产生的数据集,体现了关于当前任务的丰富信息来源。

尽管同步地开展问题学习和优化已经在实践中得到初步验证,但是我们必须承认,第二代模因算法并未完全揭示模因计算的完整范畴。这是因为,他们的科学贡献仍然限定在混合算法的设计以及应用方面,并将他们应用于独立的优化问题实例中,这些问题实例大部分都是相互孤立的。更重要的,在获得通用人工智能的前进道路上,一个明显的障碍是需要手动地预先指定好模因类别。

伴随着云计算和物联网等技术的快速发展和普及,直到最近,模因计算的完备内涵才开始受到热切关注。伴随着由现代计算平台所提供的大规模数据存储和无缝通信设备,模因的新颖解释不再单纯地局限于手动的局部搜索启发式方法这类狭窄范畴,而是开始四面开花。如今,从不同来源能够轻松获得大规模数据集,这意味着,模因计算能够直接从可行数据中学习。因此,一种新的多模因环境类型开始涌现。在这种类型中,各个模因能够捕获高阶问题求解知识的各种形式,并被智能设备所发现,然后,使得不同问题间的重复利用成为可能。相应地,高级优化算法有可能自动地利用这些传播开来的模因,以便快速地精心安排好定制化的搜索行为。这将重新激起通往通用人工智能的道路。我们认为,感知到的结果是一种类型的机器思考,它能够确保人类从费时费力地阐释问题的所有特征这项任务中解放出来。同时,程序所必须采取的行动将会处理该项任务。鉴于此,我们认为,将来搜索和优化方法的关键之处是模因计算的综合实现。通过从过往及其他人的经验中学习,模因计算能够随着时间推移自动地进化成为更好的问题求解方法。

下面我们总结迄今为止所讨论的内容,我们沿着时间线将模因计算领域的研究活动划分为三个阶段。①将唯一指定的手动设计的模因与经典模因算法相结合;②模因的数据驱动的自适应选择和集成,这些模因来自于多模因的手动指定的一个类别;③在多个不同的(但可能是相关的)问题间,模因的自动学习和迁移。研究进展的不同阶段,如图1.2所示。图1.2(a)针对孤立的搜索或优化问题,将唯一指定的模因与经典模因算法相结合;图1.2(b)在运行时,数据驱动的模因选择和集成,这些模因来自于多模因的手动指定的一个类别;图1.2(c)多问题环境的涌现,伴随着在多个问题间知识模因的自动学习和迁移过程。本专著的其他章节将详细阐释其中的某一个阶段,并特别强调第三个阶段。按照我们的观点,在互联网普遍存在的新时代,第三个阶段构成了数据驱动的问题求解的未来面貌。

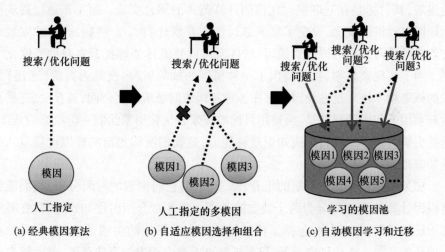

图 1.2　模因计算的研究进展和总结

1.3　各章内容概述

本书的目的是紧紧地聚焦于模因计算,将其视为下一代搜索和优化引擎的黄金标准。本书涵盖两部分,客观评价了过去40年间模因计算不同发展阶段。

第一部分包括第 2 章和第 3 章,以其最获认可的形式给出模因算法的整体概况。也就是说,将进化算法与一种或多种搜索机制相结合,构成一种混合优化算法。具体地,第 2 章介绍经典的模因算法,即候选解的改良过程是唯一的且已合理调整的,在算法执行之前必须征询领域专家的意见。我们提供了实验研究,研究结果表明如下事实:模因算法的性能强烈地依赖于随机进化机制和嵌套其中的启发式方法的结合效果,与当前问题特征之间的匹配程度。考虑到这一背景,在第 3 章中,我们概述了相关研究工作,这些工作旨在放松经典模因算法对于人类经验的过度依赖。针对已构造出的模因算法,我们讨论了一些最重要的数据驱动自适应策略,涵盖在多模因环境中实现在线模因选择和集成的理论和实践[24-26]。第 3 章的部分小节将专门研究多模因,它们存在于优化问题的环境中,表现为多代理近似模型的形式。这些优化问题本质上是高计算代价的[27]。例如,相对于进化算法或模因算法的传统应用而言,评估一次候选解的成本就非常高。

本书的第二部分包括第 4 章~第 6 章,着重关注模因计算的最新视角和理论进展,其目标是在互联网时代模因计算范式的综合实现。第 4 章通过逐步揭示模因自动机的概念,设定了接下来讨论的背景舞台[19]。例如,通过独立地或交互式地学习获得的嵌入式模因,软件实体或智能体能够提升自身的智能化水平。为了实现该思想,我们提出了一种模因的抽象解释,视其为高阶(通用)知识的概率积木块。这些模因能够在各种各样的问题求解实例间,被存储、迁移和重新利用。我们的目标是,为通用目标的搜索和优化引擎绘制一份粗略的蓝图。这些引擎具备学习和自适应知识迁移能力,是我们所构想出的模因计算范式的重要基础。

如果给定多个优化问题的集合,那么,依据它们出现的时间分布,我们能够将模因计算的实例划分为两个独立的类别。第 5 章介绍时序知识迁移,在时序知识迁移的具体实例中,包括了依时间顺序先后发生的多项任务(每次只处理一项任务)[28]。在这种情形下,只要扩展第 4 章中提出的算法蓝图,就能够自适应地集成那些从之前遇到的任务中所获得的模因。具体地,为了与知识的概率积木块相结合,我们提出了一种理论上可行的方法,并创造了一种新颖的优化算法,该优化算法能够自适应地利用问题之间的潜在关系。此外,我们将第 3 章中多代理的概念推广为多问题代理[29],以满足在高计算代价领域中模因的描述以及他们的迁移。一系列数值实例展示了所提算法在实际应用中的有效性。

第 6 章重点关注多任务知识迁移的特殊实例,该实例将处理多个具有同等优先级且同时发生的优化任务。在这种场景下,我们不大可能等待一个任务完成之后再处理下一个任务。因此,时序迁移和多任务知识迁移之间的关键差别是:时序迁移意味着知识模因是从过往到现在的单向流动,针对多个问题间的更加协同的同步搜索;多任务知识迁移能够促进模因的全向迁移。有鉴于此,第5章中提出的算法是定制化的,专门满足新涌现的多任务优化环境的需求[28,30]。实验研究揭示出,在同时求解的过程中,多个问题的确能够相互学习,并从中受益。

第7章总结全书的内容,并指出模因计算将来的研究方向。前面各章往往聚焦于如何设计模因的概念,以适合于搜索和优化算法的特征。但是,几乎没有明确地论述,在互联网广泛互联的环境下,如何可预测地改造问题本身的属性。例如,因为物联网驱动了物理设备的互联、互通,那么,这些互联(多组件[31])问题的可行解结构的组合空间,很可能变得比现有优化算法所具备的处理能力空间要大得多。在这个方向上,模因计算所涌现出的机会就在于,消除模因模块和基本优化算法之间的当前差异(图1.1)。这样的话,在普适达尔文主义[32-33]的指引下,进化过程能够直接被转移至一个压缩模因空间内。其中,该模因空间储存着高阶问题求解的知识,而不再受限于低层次的遗传积木块的空间。在第7章中,借助一类大规模优化问题的初步实例研究,详细说明了在实践中取得该目标的深刻寓意。我们认为,这些优化问题是在不久的将来可能遇到的典型代表。

参考文献

[1] Dawkins, R. (1976). *The selfish gene*. Oxford University Press.

[2] Engelbrecht, A. P. (2007). *Computational intelligence:An introduction*. New York:Wiley.

[3] Goldberg, D. E. (1989). *Genetic algorithms in search, optimization, and machine learning, 1989*. Reading:Addison–Wesley.

[4] Koza, J. R. (1992). *Genetic programming:On the programming of computers by means of natural selection* (Vol. 1). MIT Press.

[5] Deb, K. (2001). *Multi–objective optimization using evolutionary algorithms* (Vol. 16). New York:Wiley.

[6] Gilli, M., & Schumann, E. (2014). Optimization cultures. *Wiley Interdisciplinary Reviews:Computational Statistics*, 6(5), 352–358.

[7] Spencer, H. (1864). *The principles of biology* (Vols. 2) London:Williams and Norgate. (*System of synthetic philosophy*, 2).

[8] Darwin, C. (1859). *On the origin of species*.

[9] Rechenberg, I. (1994). Evolutionsstrategie: Optimierung technischer Systeme nach Prinzipien der biologischen Evolution. frommann - holzbog, Stuttgart, 1973.

[10] Schwefel, H. P. (1977). *Numerische optimierung von computer - modellen mittels der evolutionsstrategie* (Vol. 1). Switzerland: Birkhäuser, Basel.

[11] Altenberg, L. (1995). The schema theorem and Price's theorem. *Foundations of Genetic Algorithms*, 3, 23 - 49.

[12] Dorigo, M., Birattari, M., & Stutzle, T. (2006). Ant colony optimization. *IEEE Computational Intelligence Magazine*, 1(4), 28 - 39.

[13] Kennedy, J. (2011). Particle swarm optimization. In *Encyclopedia of machine learning* (pp. 760 - 766). Springer US.

[14] Storn, R., & Price, K. (1997). Differential evolution - a simple and efficient heuristic for global optimization over continuous spaces. *Journal of Global Optimization*, 11(4), 341 - 359.

[15] Tayarani - N, M. H., Yao, X., & Xu, H. (2015). Meta - heuristic algorithms in car engine design: a literature survey. *IEEE Transactions on Evolutionary Computation*, 19(5), 609 - 629.

[16] Moscato, P. (1989). On evolution, search, optimization, genetic algorithms and martial arts: Towards memetic algorithms. *Caltech concurrent computation program, C3P Report*, 826.

[17] Moscato, P., & Cotta, C. (2010). A modern introduction to memetic algorithms. In *Handbook of metaheuristics* (pp. 141 - 183). Springer US.

[18] Lim, D., Ong, Y. S., Gupta, A., Goh, C. K., & Dutta, P. S. (2016). Towards a new Praxis in optinformatics targeting knowledge re - use in evolutionary computation: simultaneous problem learning and optimization. *Evolutionary Intelligence*, 9(4), 203 - 220.

[19] Chen, X., Ong, Y. S., Lim, M. H., & Tan, K. C. (2011). A multi - facet survey on memetic computation. *IEEE Transactions on Evolutionary Computation*, 15(5), 591 - 607.

[20] Ong, Y. S., Lim, M. H., & Chen, X. (2010). Memetic computation—past, present & future (research frontier). *IEEE Computational Intelligence Magazine*, 5(2), 24 - 31.

[21] Kellerer, H., Pferschy, U., & Pisinger, D. (2004). Introduction to NP - completeness of Knapsack problems. In *Knapsack problems* (pp. 483 - 493). Berlin, Heidelberg: Springer.

[22] Krasnogor, N., Blackburne, B. P., Burke, E. K., & Hirst, J. D. (2002, September). Multimeme algorithms for protein structure prediction. In *PPSN* (pp. 769 - 778).

[23] Wolpert, D. H., & Macready, W. G. (1997). No free lunch theorems for optimization. *IEEE Transactions on Evolutionary Computation*, 1(1), 67 - 82.

[24] Ong, Y. S., & Keane, A. J. (2004). Meta - Lamarckian learning in memetic algorithms. *IEEE Transactions on Evolutionary Computation*, 8(2), 99 - 110.

[25] Le, M. N., Ong, Y. S., Jin, Y., & Sendhoff, B. (2012). A unified framework for symbiosis of evolutionary mechanisms with application to water clusters potential model design. *IEEE Computational Intelligence Magazine*, 7(1), 20 - 35.

[26] Chen, X., & Ong, Y. S. (2012). A conceptual modeling of meme complexes in stochastic search. *IEEE Transactions on Systems, Man, and Cybernetics, Part C (Applications and Reviews)*, 42(5), 612–625.

[27] Zhou, Z., Ong, Y. S., Lim, M. H., & Lee, B. S. (2007). Memetic algorithm using multi-surrogates for computationally expensive optimization problems. *Soft Computing – A Fusion of Foundations, Methodologies and Applications*, 11(10), 957–971.

[28] Gupta, A., Ong, Y. S., & Feng, L. (2018). Insights on transfer optimization: Because experience is the best teacher. *IEEE Transactions on Emerging Topics in Computational Intelligence*, 2(1), 51–64.

[29] Min, A. T. W., Ong, Y. S., Gupta, A., & Goh, C. K. (2017). Multi-problem surrogates: Transfer evolutionary multiobjective optimization of computationally expensive problems. *IEEE Transactions on Evolutionary Computing*.

[30] Gupta, A., Ong, Y. S., & Feng, L. (2017). Multifactorial evolution: toward evolutionary multitasking. *IEEE Transactions on Emerging Topics in Computational Intelligence*.

[31] Bonyadi, M. R., Michalewicz, Z., Neumann, F., & Wagner, M. (2016). Evolutionary computation for multicomponent problems: Opportunities and future directions. *arXiv preprint* arXiv:1606.06818.

[32] Feng, L., Gupta, A., & Ong, Y. S. (2017). Compressed representation for higher-level meme space evolution: A case study on big knapsack problems. *Memetic Computing*, 1–15.

[33] Hodgson, G. M. (2005). Generalizing Darwinism to social evolution: Some early attempts. *Journal of Economic Issues*, 39(4), 899–914.

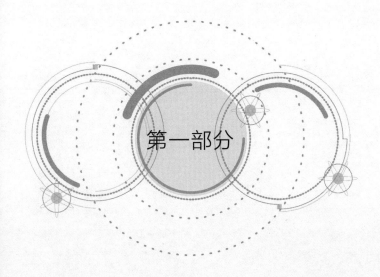

第一部分

手动设计的模因

第 2 章
经典模因算法

进化计算(EC)在处理搜索、优化和机器学习等诸多问题时展现出明显的灵活性,为实现通用人工智能开辟了一条道路[1]。然而,显而易见,过度依赖纯粹的随机进化过程,而无需专家指导或者吸收外部知识,进化算法很容易导致性能不良。也就是说,对于实际应用中近似实时操作的需求而言,进化计算显得速度太慢。此外,传统进化算法(EA)往往具有随机性。这意味着,对于依赖于很高精度和脆度性能保障的许多应用而言,这些算法或许不是一种理想的可供选择的计算工具[2]。这些观察结果促使人们将模因计算范式概念化。借助领域知识,基本进化机制得以增强。这些领域知识能够表达为计算上已编码的模因。在本章中,我们介绍经典模因算法(CMA),它是一种获得最广泛认可的模因计算的算法实现[3]。

为了详细地阐述与经典模因算法相关的概念,首先考虑一个任意的优化问题,其标准形式如下:

$$\begin{aligned}&\underset{\boldsymbol{x}}{\text{maximize}} f(\boldsymbol{x})\\&\text{s. t. } g_i(\boldsymbol{x})\leqslant 0, \quad i=1,2,\cdots,|G|;\\&\quad h_i(\boldsymbol{x})=0, \quad i=1,2,\cdots,|H|\end{aligned} \quad (2.1)$$

式中,$f(\boldsymbol{x})$表示目标函数值,与候选解的适应度度量成比例。

通过调节解向量 $\boldsymbol{x}$ 使其最大化,其取值限定在指定搜索空间 χ 内。此外,$G=\{g_1,g_2,\cdots\}$ 和 $H=\{h_1,h_2,\cdots\}$ 是不等式约束条件和等式约束条件的可选集合,满足这些约束条件对于确保给定 $\boldsymbol{x}$ 的可行性是必需的。在式(2.1)中,符号 $|\cdot|$ 用来表示一个集合的基数。注意,即便对于最小化问题,只需要简单地将 $f(\boldsymbol{x})$ 乘以 -1,那么式(2.1)的表达形式就能够继续保持不变。

在经典模因算法中,模因的概念通常被限制为数学流程或手动设计的启发式方法,这些方法为局部搜索方案。随后,这些方案再与一些基于种群的随机全局优化算法(如进化算法)相结合。与常规的进化计算方法相类似,只要求嵌套其中的模因与当前问题的特征保持一致,经典模因算法的适用性并不会给 χ 或 f 强加任何约束条件。然而,从领域专家处寻求该模因,这种方式的负担自然而然地落在优化实践者的肩头。例如,经典模因算法并不要求目标函数 f 的可微性。如果事先知道该函数是可微的,并且已知导数的解析定义,那么,在精心设计问题特定模因的时候,算法就能够利用这个知识。

本章的主要目标是揭示出,当它们与基本进化机制联合应用时,如果忽视模因的作用,那么盲目地结合模因反而会显著地阻碍经典模因算法的整体性能,甚至其性能可能比单独应用进化算法还要差。因此,我们认为,经典模因算法的成功严重地依赖于局部搜索过程的精巧的人工调节。这为随后出现的自适应模因算法的浪潮提供了背景舞台。为了强调这一点,我们开展了一系列例证性实验研究。具体而言,我们证实了,在由此产生的优化效果方面,进化算子和模因的任意组合都有可能产生有害后果。

本章首先描述经典模因算法关键步骤的伪代码;然后对经典模因算法进行分类,该分类依赖于从各个模因应用中所挖掘出的自适应性与基本优化算法(进化算法)之间的相互作用方式;最后,提出了实验研究以及相关的结果讨论。

2.1 局部搜索和全局搜索

典型的基于种群优化算法是由候选解集合构成的,按照受自然启发的遗传交叉算子,算法反复地更新(进化)这些候选解,以便驱动种群朝着搜索空间 χ 中能够产生目标函数 f 更优解的区域移动。具体地,遗传交叉算子能够处理来自种群的两个或多个候选解或个体的随机重组,以产生新的子代个体。自然地,搜索过程依赖于具有更高适应度的候选解的产生和保持。这是因为"适者生存"原理的计算模拟,有助于搜索过程的实施。然而,在持续获得那些距离全局最优解更近的候选解方面,种群优化算法的整体成功经常受到进化种群的多样性水平的影响。更丰富的种群多样性,意味着种群更不容易过早地陷入一个次优(局部最优)点。因此,为了保持足够的多样性,进化过程强调保持候选解在搜索空间内的分布,即便这样意味着保留了一些较低适应度的候选解。

相反,局部搜索孤立地处理种群中的每个个体,只要它能够产生更高的适应度值,算法就接受该候选解的变异。具体地,如果给定的候选解被局部搜索选中,它就经历一次迭代改进过程,该过程持续不断进行直到满足某些终止条件。最经常使用的终止条件是局部搜索强度(如分配到的计算资源[4]),或者不能寻找到任何更优的适应度改善。在每一代中,种群优化算法会采用某些专家所提供的(领域具体的)方法来修改候选解。如果修改后的解结构更加称心如意(如它产生了更高的适应度值),那么算法就接受所产生的改进结果;否则,就拒绝这种修改结果,解结构仍然维持之前的状态。

例如,针对连续域和可微函数,将一个候选解 $x \in \mathbf{R}^d$ 修改为

$$x_{\text{mod}} = x + \gamma \cdot \nabla f(x), \nabla f(x) = \left[\frac{\partial f}{\partial x_1}, \frac{\partial f}{\partial x_2}, \cdots, \frac{\partial f}{\partial x_d}\right] \quad (2.2)$$

式中:$\nabla f(x)$ 表示梯度方向(即最速上升方向);参数 γ 控制着在那个方向上的步幅。式(2.2)是一种得到广泛应用的确定性局部候选解改进方案。对于许多精度驱动的应用,其特征就是连续和多模目标函数。经典模因算法有助于充分发挥随机搜索和梯度上升的显著特征,以确保获得高质量的候选解。

另外,现实世界表现出离散性、不可微性等特征。近些年来,针对具有这些特征的大量实际问题,人们精心设计了许多启发式定制方法,这些方法在本质上是随机的或确定性的。无论如何,在大多数情况下,算法2.1刻画了局部搜索方案的通用流程。

算法 2.1:局部搜索

1. **输入**:候选解 x
2. **repeat**
3. $\quad x_{\text{mod}} \leftarrow \text{Modify}(x)$
4. $\quad$ **if** $f(x_{\text{mod}}) > f(x)$ **then**
5. $\quad\quad x \leftarrow x_{\text{mod}}$
6. $\quad$ **end if**
7. **until** 满足局部搜索的终止条件
8. **return** $x, f(x)$

2.2 经典模因算法的伪代码

基于2.1节所述,经典模因算法的伪代码,如算法2.2所示。

> **算法 2.2：经典模因算法**
>
> 1. 初始化：产生初始种群 X_{pop}
> 2. repeat
> 3.   for 每个个体 $x_i \in X_{\text{pop}}$
> 4. $f_i \leftarrow$ 评估 x_i
> 5.   if x_i 被选中执行局部搜索
> 6. $x_{\text{mod}}, f(x_{\text{mod}}) \leftarrow$ Local Search(x_i) ## 参见算法 2.1
> 7. $x_i, f_i \leftarrow$ Update$(x_i, f_i, x_{\text{mod}}, f(x_{\text{mod}}))$
> 8.   end if
> 9.   end for
> 10. 在当前种群上应用标准的进化算法操作，包括代际选择、交叉和变异，以便产生下一代种群 X_{pop}
> 11. until 满足经典模因算法的终止条件

算法 2.2 中的一些步骤需要予以进一步解释。首先，算法没有必要选取初始种群的所有个体以及由进化算子产生的所有子代个体，来执行局部改进。因此，算法经常会执行种群个体的过滤操作，以便确定一个子集，该子集最终将经历局部搜索步骤。在实际中，最简单易行的一种方法就是，为每个个体应用改进操作指定一个固定的概率。相应地，在文献[5]中，作者研究了不同概率自适应策略的影响。文献[6]表明，如果局部搜索的计算复杂度相对较低，那么每个个体都应用局部搜索或许是值得的。

另一个感兴趣的问题是，在基本进化算法(算法 2.2 中的步骤 7)中，算法会以怎样的方式来更新局部搜索所揭露出的自适应性。在本章中，我们将局部搜索看作是对一种学习过程的模拟，该学习过程发生在进化算法中一个个体(候选解)的完整有效期内。具体地，依赖于模因论模块和进化过程之间相互作用的类型，可以将经典模因算法划分为两个类别，即拉马克进化[6-7]和鲍德温效应[7-8]。

▲ 2.2.1 拉马克进化

拉马克进化以法国生物学家 Jean-Baptiste Lamarck 命名，它阐明了如下观点：生命期学习过程能够同时修改一个个体的基因型(在进化算法中，候选解的低层次遗传编码是其一种实现形式)及其适应度。在算法 2.2 中，这意味着，根据步骤 7 中的 Update 函数，x_{mod} 和 $f(x_{\text{mod}})$ 将分别取代 x_i 和 f_i。这种方法的基本原理在于下述假设：个体有能力将其在生命期内所获得的特征传递给它的直系子代个体。换言之，学习过程直接更改了个体的基因型。这种影响被认为在生物学上是难以置信的,这使得许多进化生物学家抛弃了拉马克进化的思想。但是,我们已经发现这将显著地加快经典模因算法的收敛速度[7]。

2.2.2 鲍德温效应

美国心理学家 James Mark Baldwin 于 1896 年提出了鲍德温效应,从生物学的角度,它合情合理地解释了生命期学习和遗传之间的相互作用。与拉马克进化不同,鲍德温效应并没有断定,生命期学习的过程能够直接更改一个个体的遗传编码。相反,该理论推测,只有个体的适应度会被习得的适应度所替代。在算法 2.2 中,步骤 7 只有 f_i 被更新为 $f(x_{\text{mod}})$,而 x_i 则保持不变。

基于上述情形,这就表明,经典模因算法的鲍德温效应的具体实现形式往往会改变优化问题的适应度地形。这种变换的一个说明,如图 2.1 所示。其中,我们考虑了一个定义于一维搜索空间内的连续且可微的目标函数,借助基于梯度上升的局部改进方法使得该函数最大化。如果局部搜索的目的是收敛,则意味着,如果采用算法 2.1 中的收敛条件,算法将不能寻找到更进一步的适应度改进(即 $\nabla f(x) = 0$)。因此,变换后的适应度地形包括了多个"高地",代表着不同的吸引力"洼地"。其结果就是,即便一个个体具有并不理想的"天生"适应度,只要它在生命期内愿意向高适应度值学习,那么它仍然有机会生存并产生子代个体。文献[10]已经证明,甚至当被挖掘出的自适应性并没有与基因型直接交流时,生命期学习在引导进化搜索方面也的确是非常有效的。

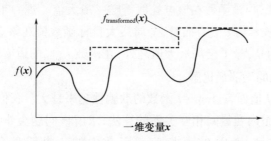

图 2.1 鲍德温效应往往会改变适应度地形(从 f 变换为 $f_{\text{transformed}}$),这将导致对应于不同吸引力洼地的多个高地

2.3 数值实验的启示

早先的研究工作已经表明,给定相同的局部改进步骤,在促进收敛至全局最

优解方面,鲍德温搜索策略有时比拉马克搜索策略更加有效。然而,在大多数情形下,鲍德温效应产生的收敛速率会更加缓慢。这是因为,它通常要花费许多代来执行进化算子,以便产生遗传物质[6],这些物质适合于通过生命期学习所获得的自适应类别。

有鉴于此,本节的实验研究聚焦于将基本进化算法与拉马克进化的局部搜索相结合的经典模因算法。然而,需要特别指出的是,我们的目标并非断言拉马克进化比鲍德温效应具有某种计算优势(或者相反),而是简单地展示,进化过程与随意选取的模因(局部搜索)之间的盲目组合,有时会引起性能倒退。

2.3.1 实验建立

为了达到此目的,我们考虑一类众所周知的只包括二进制整数变量的优化问题,即 l 阶级联陷阱函数[11]。级联意味着,最终的目标函数是多个 l 阶陷阱子函数之和。具体地,任意二进制编码的解向量 x 首先被分割为连续,且不重叠的 l 比特组;然后陷阱函数应用于每一个组,每一个组对于组合后的目标函数的贡献为

$$\text{trap}_l(u) = \begin{cases} l, & u = l \\ l-1-u, & u < l \end{cases} \quad (2.3)$$

式中,u 为组中"1"的个数。

对于一个 d 维搜索空间而言,假设 d 是 l 的整数倍,那么,当某个点的所有比特都取值为"1"时,该函数在该点处取得唯一最大值。进一步地,对于任意级联 trap-l 函数(表示为 $f_{\text{trap}-l}$)而言,全局最大目标函数值在该点处取得且为 d。然而,必须注意的是,除了全局最大值之外,在函数 $f_{\text{trap}-l}$ 的适应度地形中还存在着 $2^{d/l}-1$ 个其他的局部最优解。

对于较大的 l 值而言,trap-l 函数的欺骗性越来越大。我们承认,采用那些不能捕获并保留组内变量间相互关系的算法,求解该问题会非常困难。为了理解它们的欺骗本性,考虑在 d 维 $f_{\text{trap}-5}$ 函数中的一个任意 5 比特组。根据式(2.3)可知,函数 $f_{\text{trap}-5}$ 的最优解一定对应于组中所有 5 个比特是"11111"的那个候选解。因此,该组所贡献的适应度就是 5。然而,初步计算结果表明,更短的低阶模式"1××××"的平均适应度是 3,但是"0××××"的平均适应度是 4。因此,Holland 的模式定理[12]建议,在简单进化算法中,模式"0××××"的频率将会很快地超过模式"1××××"的频率。显然,由于这些候选解往往会陷入大量局部最优解中的一个,因此隐含的进化路径并非总是引导至真正的全局最优解。

在实验研究中,我们考查了级联陷阱函数的两个变种,每个变种都是 200 维的搜索空间。具体地,陷阱函数的阶分别设置为 $l = 2$ 和 $l = 5$。基本优化算法是简单进化算法,没有任何专门模块来采集变量间直接的相互关系(需要说明的是,在文献[13]中出现了某些高级的进化算法)。采用的代际选择算子是基于截断概念的,也就是说,基于适应度的降序排列,我们假设子代的前 50% 个体能够存活下来,并作为父代个体来产生下一代的子代个体。下面,通过遗传交叉和变异算子产生子代。我们考虑两种可供选择的交叉算子:单点交叉和均匀交叉,以便获得简单进化算法的两个明显不同的实例。采用的变异算子是随机比特翻转,即一个变量被选中用于变异的概率是 $1/d$,如果被选中,它的状态就发生翻转(从 0 变为 1,或者从 1 变为 0)。

在经典模型算法中,我们采用和简单进化算法完全相同的算子,以保证对比研究的公平性。而且,算法分别结合了两种可能的局部搜索策略。这里,必须强调,我们掌握着级联 trap - l 函数特征的精确信息,因此很容易设计一种能够保证最优化的启发式算法。但是,在大多数现实世界环境中,通常不可能获知当前问题的这种精确信息。这表明基于对问题域的粗浅理解,我们只能构造一些近似的启发式算法。因此,为了模拟实际中通常发生的情形,设计了两种随机局部搜索启发式算法,它们体现了级联 trap - 2 函数和 trap - 5 函数的基本特征。第一种启发式算法,称为 2 比特翻转。在生命期学习过程中,它随机地选取个体中的一个变量,假设为第 i 个变量,接着翻转第 i 个和第 $i+1$ 个变量的状态。如果修改后的解向量相比于原向量,具有更高的适应度,那么就接受该改进,并基于拉马克进化原理更新该个体。我们设置局部搜索模块(算法 2.1)的终止条件为单个函数评估的计算成本。注意,2 比特翻转启发式算法的基本原理在于,该算法与级联 trap - 2 函数的解分割策略保持一致。简而言之,一个陷入欺骗性局部最优解(00)的 2 比特组,能够至少以一定的(尽管很小的)概率,自发地与全局最优解(也就是 11)进行重新排列。

我们所采用的第二种启发式算法是 5 比特翻转,它随机地选取一个变量,假设为第 i 个变量,接着翻转第 i 个至第 $(i+4)$ 个变量的状态。基于与 2 比特翻转情形相类似的讨论,我们发现,5 比特翻转启发式算法的基本原理在于,该方法与级联 trap - 5 函数的解分割策略保持表面上的一致。

在所有实验中,各个优化算法都采用了相同的种群规模(200 个个体)和终止条件(20 万次函数评估)。在经典模因算法实例中,往往一个个体只需要一次评估,与之相关的计算成本较低。因此,所有个体都将执行局部搜索,而且在检查终止条件时,在该过程中所花费的额外函数评估也会被合理地加以考虑。为了研究模因和进化算子之间任意组合的作用,人工启发式方法分别应用于基于单点交叉和基于均匀交叉的进化算法。

2.3.2 结果和讨论

所有实验的收敛趋势(10 次独立实验的平均值),如图 2.2 所示。与后面即将讨论的欺骗性极大的级联 trap-5 函数相比较而言,级联 trap-2 函数的实验结果并不意外,表现出较少的启发意义。即便如此,关于模因模块和进化过程的组合作用,收敛趋势的确透露了一些信息。在图 2.2(a)中,所有执行的算法都采用了单点交叉算子,简单进化算法的最终性能与经典模因算法的两个实例是不相上下的。换句话说,对于特定实例,在基本进化算法的基础上应用模因论,有可能没有表现出显著益处。我们仔细观察发现,基于 2 比特翻转启发式算法的经典模因算法的收敛速度要比采用基于 5 比特翻转启发式算法的经典模因算法(它会在后续阶段追赶上来)快一些。基于 2 比特翻转启发式算法的性能提升似乎是基于如下事实:相应的启发式算法与 trap-2 函数的特征能够更好地保持一致。在图 2.2(c)中,所有的算法都采用均匀交叉算子。我们发现,求解级联 trap-2 函数时,所有的经典模因算法的性能都比简单进化算法的性能略微好一些。而且,在终止条件内,基于 2 比特翻转启发式算法的经典模因算法总能成功地发现了全局最优解,但是其他算法并非总能如此成功。

求解级联 trap-5 函数的结果强有力地证明了,盲目地使用模因可能引起有害的后果。例如,在图 2.2(b)中,所有实验都采用单点交叉算子。我们注意到,与其他两种优化算法相比较,结合了 5 比特翻转启发式算法的经典模因算法表现出极大的优势。初看起来,这是一个易于理解的结果。这是因为,5 比特翻转启发式算法就是专门为此设计的,它保持着 trap-5 函数的特征。相反,在图 2.2(d)中,可以发现直觉会误导我们,基于相同启发式算法的经典模因算法产生了最差的收敛速度。事实上,在这副图中,没有引入任何额外启发式算法的简单进化算法却展现出了最快的收敛行为。有必要指出的是,在图 2.2(d)中,所有算法都会时常不断地陷入级联 trap-5 函数的具有高度欺骗性的局部最优解。

我们并不打算深入解释这一违背直觉的结果背后的原因,这是因为,对于普遍的现实世界的应用而言,大量复杂因素经常发挥着作用。因此,精确原因或许没有启示性。然而,从此项研究中我们获得的关键信息是,在将局部搜索策略结合至基本进化算法时,优化实践者们必须极端地小心谨慎。只是将进化算子从单点交叉更改为均匀交叉,优化算法的相对性能就发生了彻底逆转,这突出强调了仔细考量生命期学习和进化机制相互作用的重要性。显然,表面上看起来合情合理的启发式算法,在实际应用中并非总是表现优异。因此,对于模因算法的经典形式,合理处理该挑战的切实可行的方法就是,要么针对感兴趣领域的若干典型简单问题,全面系统地测试算法性能,要么依赖领域专家提供局部搜索策略,这些策略在过往的相关问题中已经持续地表现优异。

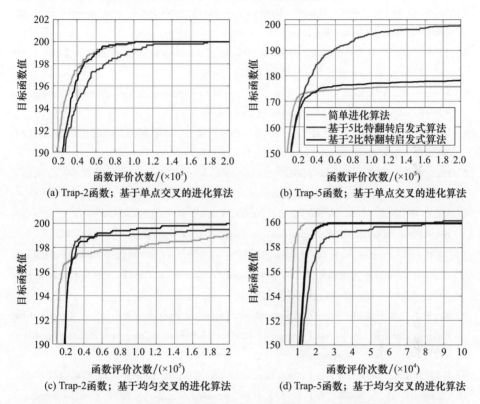

图 2.2　采用简单进化算法和经典模因算法求解级联 trap-2 函数和 trap-5 函数时,获得的平均收敛趋势(其中,经典模因算法采用了各种交叉算子和随机局部搜索启发式算法的不同组合形式)(见彩图)

在获得通用人工智能的道路上,我们面临着一个明显障碍,即设计一种可靠的经典模因算法所需要的人工干预。否则,它就是进化计算领域很有希望的方向。因此,在接下来的章节,我们将拓展我们的讨论以便涵盖各种研究成果,这些成果都试图放宽经典模因算法对于人类经验的严重依赖。具体地,假设存在着一张事先提供的多个(手动)模因的列表(与其他模因相比较,部分模因或许更适合于当前问题),我们将详细地描述一系列重要的数据驱动方法,这些方法实现了在算法运行时有效地协调模因组合过程的自动化流程。

参考文献

[1] Goldberg, D. E. (1989). *Genetic algorithms in search, optimization, and machine learning,* 1989. Reading: Addison-Wesley.

[2] Eiben, A. E., & Rudolph, G. (1999). Theory of evolutionary algorithms: A bird's eye view. *Theoretical Computer Science,* 229(1-2), 3-9.

[3] Moscato, P., & Cotta, C. (2010). A modern introduction to memetic algorithms. In *Handbook of metaheuristics* (pp. 141-183). Boston, MA: Springer.

[4] Nguyen, Q. H., Ong, Y. S., & Lim, M. H. (2009). A probabilistic memetic framework. *IEEE Transactions on Evolutionary Computation,* 13(3), 604-623.

[5] Hart, W. E. (1994). *Adaptive global optimization with local search* (Doctoral dissertation, University of California, San Diego, Department of Computer Science & Engineering).

[6] Ku, K. W., Mak, M. W., & Siu, W. C. (2000). A study of the Lamarckian evolution of recurrent neural networks. *IEEE Transactions on Evolutionary Computation,* 4(1), 31-42.

[7] Whitley, D., Gordon, V. S., & Mathias, K. (1994, October). Lamarckian evolution, the Baldwin effect and function optimization. In *International Conference on Parallel Problem Solving from Nature* (pp. 5-15). Berlin, Heidelberg: Springer.

[8] Ku, K. W., & Mak, M. W. (1998, September). Empirical analysis of the factors that affect the Baldwin effect. In *International Conference on Parallel Problem Solving from Nature* (pp. 481-490). Berlin, Heidelberg: Springer.

[9] Baldwin, J. M. (1896). A new factor in evolution. *The American Naturalist,* 30(354), 441-451.

[10] Hinton, G. E., & Nowlan, S. J. (1987). How learning can guide evolution. *Complex Systems,* 1(3), 495-502.

[11] Pelikan, M., & Goldberg, D. E. (2001, July). Escaping hierarchical traps with competent genetic algorithms. In *Proceedings of the 3rd Annual Conference on Genetic and Evolutionary Computation* (pp. 511-518). Morgan Kaufmann Publishers Inc.

[12] Altenberg, L. (1995). The schema theorem and Price's theorem. In *Foundations of genetic algorithms* (Vol. 3, pp. 23-49). Elsevier.

[13] Pelikan, M., Goldberg, D. E., & Cantú-Paz, E. (1999, July). BOA: The Bayesian optimization algorithm. In *Proceedings of the 1st Annual Conference on Genetic and Evolutionary Computation-* (Vol. 1, pp. 525-532). Morgan Kaufmann Publishers Inc.

第 3 章
模因算法中数据驱动的自适应

第 2 章通过实验展现出,模因论和基本进化算法的盲目结构组合有可能导致算法性能低于标准优化性能。在调节控制参数时,通常需要获得某种程度的领域经验或者大量的人工干预。因此,在设计模因算法时必须解决的典型问题包括:①发现候选解的一个子集,算法必须针对这些解执行局部改进;②确定局部搜索强度(也就是在模因算法中,为各个个体的生命期学习分配相应的计算资源);③如果给定从文献[1]中选取的多个模因(多模因)列表,则针对当前的具体问题,定义所采用的生命期学习方法(即模因)。本章提供了一种数据驱动的替代方案,以便处理这些问题。

我们观察到,如果我们考查的局部搜索强度只发生在离散步骤,那么强度的不同等级能够视为多模因的一个可数集合的独立模因。换句话说,我们能够将上面的第 2 个设计问题有效地归纳为第 3 个问题。为了进一步说明这一点,考虑将可用于局部搜索的函数评估次数固定为一个正整数 t_{budget}^{LS}。这是一个合理的假设,因为函数评估不可能发生小数次。因此,对于给定的 t_{budget}^{LS} 数值,如 $t_{budget}^{LS}=5$,由此产生的局部搜索策略能够被解释为一种可能的模因实现。相似地,不同的 t_{budget}^{LS} 数值就对应着不同模因实现。基于这种假设,我们能够忽略设计问题,即必须确定生命期学习的计算资源。这是因为,重新解决模因选择问题,就一并含蓄地解决了上述设计问题。特别需要指出的是,在文献中的确存在一些重要的研究成果,它们明确地考虑了生命期学习的强度,并推导出该参数的理论上限[2]。然而,在下面我们仍然坚持多模因视角。这是因为,它能够针对模因算法的多种在线自适应策略,为我们提供一种概念上的统一解释。

近些年来,研究者已经提出了大量朴素但易于执行的方法,以便处理多模因情形。其中,最基本的一种方法是模因的简单随机选择,即在多模因池中的每个模因被分配一个相等的选择概率[3]。尽管这种方法具有天然优势,至少给予整个模因池作为候选解的一个机会,然而它不能确保被选取的模因完全适合于当前的优化问题。相应地,还存在着一类贪婪算法,它代表着一种模因选择的穷举方法。具体而言,每一个模因都应用于基本进化算法的一个个体,而且算法最终选择能够产生最优适应度改进的那个模因,并以拉马克进化或鲍德温效应的方式来更新[3]。既然它是一种穷举方法,那么这种贪婪策略的劣势就是与之相关的极高的计算代价。

简单随机策略和贪婪策略有一个共同特征,即它们都没有利用模因在反复应用过程中所生成的数据[4]。模因的简单随机选择策略完全地忽略了在优化实践的完整过程中所获得的全部知识,贪婪策略只是基于短期记忆来做出选择,也就是说,刚刚发现的前一次适应度改进。然而,同步问题学习和优化构成了模因计算范式的基础。按照它的普遍性意义,我们承认忽视可用数据意味着浪费了潜在的丰富知识,这些知识或许就蕴涵在可用数据之中。因此,本章中我们的讨论将聚焦于一些数据驱动方法的理论和实践,这些方法能够在算法运行时实现自动地模因选择和集成,并得到了广泛的认可。我们承认,本章中模因算法自适应主题的覆盖范畴并不全面和系统。但是,模因算法提供了一种独特方法,能够利用数据来在线地调整优化算法。对于本研究领域的大量最新进展,请读者参考综述文献[4-5]以获得更加完整的讨论。

接下来深入探讨模因算法的四种各具特色的自适应策略,尽管利用方式各不相同,但每一种策略都明确地利用了在优化运行过程中所生成的数据。具体而言,本章将详细介绍如下概念:①元拉马克学习[6];②可进化性度量[7];③模因复合体[8];④多代理[9]。注意,多代理的概念涵盖了高计算代价的优化问题的相对小生境域,这些问题的特征是高度的资源密集型函数评估。

3.1 自适应的元拉马克学习

在连续非线性函数优化中,元拉马克学习已经成功地应用于表现出不同属性的各种问题。由于在本书中多模因研究被限定在拉马克类型的生命期学习(见第2章),因此,在文献[6]中创造了一个新词汇"元拉马克学习"。本项工作的主要动机是,帮助在搜索过程中所采用的多个模因之间相互竞争和协作,以便更有效和高效地求解优化问题。事实上,元拉马克学习的基本变种等价于模因的简单随机选择策略,它经常作为对比更加复杂多模因算法的一种基准算法。

元拉马克学习的真实自适应变种背后所蕴含的基本思想是,依托在优化算法运行中采集到的大量数据来推断每一个模因的效能。依赖于它们的中间奖励,各个模因之间相互竞争,以便确定接下来应当选取哪一个模因来对新候选解进行局部改进。随着搜索的不断推进,算法将采集每一个模因处理当前问题的效能,并更新各自的奖励。

具体地,一个模因每一次执行时所积累的奖励,采用被它所改进的个体的适应度改进值来加以度量。奖励 η 的计算公式为

$$\eta \propto \frac{\Delta f}{t_{budget}^{LS}} \tag{3.1}$$

式中:$\Delta f = f(x_{mod}) - f(x)$,$f(x)$ 为在局部搜索前个体的初始适应度,$f(x_{mod})$ 为应用局部改进之后个体的适应度;t_{budget}^{LS} 为分配给该模因的函数评估资源。

注意,在式(3.1)中,使用了比例符号($\propto$)。这是因为,在实际中为了正则化,在奖励中可能会引入缩放系数[6]。直观来看,式(3.1)所隐含的基本原理是合情合理的。这是因为,一个模因改进候选解的速率自然地应当是一个奖励度量的一部分。最后,假设缩放因子为 β,奖励的精确表达式为

$$\eta = \beta \frac{\Delta f}{t_{budget}^{LS}} \tag{3.2}$$

根据文献[6]的介绍,在模因算法中,奖励的通用公式会产生不同的自适应元拉马克学习策略,至少包括以下两个小节中的两种策略。接下来分别进行探讨。

▲ 3.1.1 子问题分解

在子问题分解策略中,在优化过程的起始点,算法为每一个模因分配一个相等的概率,即选取该模因作为局部搜索策略的概率。一旦选中某个模因,并应用于个体,算法就根据式(3.2)计算奖励。在一个数据集中,记录着已产生的所有个体的列表、应用其上的模因以及相应的奖励。随后,算法应用这个数据集来指导未来的选择。这样的数据集记为 $D = \{x_s, m(x_s), \eta_s\}_{s=1}^n$,其中,$m(x_s)$ 表示在数据集 D 中应用于第 s 个个体的模因,n 表示数据集的规模。

如果在起初的若干代内,基本进化算法采集到了足够多有价值的数据集,那么子问题分解机制就开始发挥作用。具体而言,对于任意新产生的子代个体 x_c,该策略首先从数据集 D 中确定 μ 个最临近邻居。此处,算法可以采用(针对连续搜索空间的)欧几里得距离或者其他合适的距离度量(如针对离散空间的汉明距离)。假设确定的数据子集表示为 D_μ,那么基于各自的奖励,D_μ 所包含的

模因子池之间就彼此竞争,以便确定某个模因针对个体 x_c 来执行局部改进。当选择一个模因并执行相应的拉马克类型的生命期学习之后,算法将 x_c、$m(x_c)$ 以及最新累积的奖励添加到现有数据集 D 中。该过程持续进行,直到满足基本进化算法的终止条件。

注意,当我们从优化问题的完整搜索空间的视角来看,事实上子问题分解策略同时鼓励了模因的竞争和协作。该策略能够被看作将搜索空间有效地划分为多个动态邻域,在每个邻域内选择最有竞争力的模因(图 3.1)。与此同时,为了从整体上求解完整的问题,它还为来自于不同邻域的模因之间协同操作创造了机会。这是因为,每一个模因都对改进种群适应度做出了贡献,这些种群位于推测的专业化区域内。可以认为,它们在这些搜索空间的区域内是最有效的。

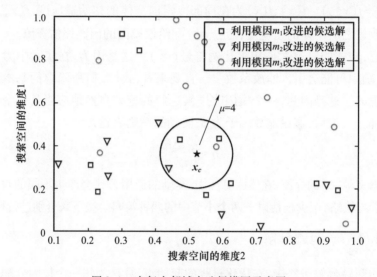

图 3.1　在每个邻域内选择模因示意图

如图 3.1 所示,在假设的二维连续搜索空间内,设定 $\mu=4$ 意味着,在 4 个最临近邻居中表现出最大平均奖励的那个模因将被选中,作为个体 x_c 的拉马克学习加以利用。

3.1.2　与奖励成比例的轮盘赌选择

与奖励成比例的轮盘赌选择策略的前提是:充分利用优化过程中获得的知识,以便根据所选取的模因改变概率分布。尽管该方法在起初阶段与子问题分解方法类似,但它更倾向于站在当前问题的全局视角来思考解决问题。因此,这种方法舍弃了邻域的概念。

第3章 模因算法中数据驱动的自适应

令 $M = \{m_1, m_2, \cdots\}$ 表示已经人工预先指定的所有模因的列表。算法每一次利用一个特定的模因，如 m_j。那么，它的累积奖励 $\hat{\eta}$ 逐步被建立起来，即

$$\hat{\eta}_k\ += \beta \frac{\Delta f}{t_{\text{budget}}^{\text{LS}_k}} \tag{3.3}$$

式中：$t_{\text{budget}}^{\text{LS}_k}$ 表示分配给第 k 个模因的计算资源；符号"$+=$"意味着等式左边这一项是通过等式右边这一项逐渐累加得到的。因此，重新选择 m_k 执行局部搜索的概率，即

$$p_k = \frac{\hat{\eta}_k}{\sum_{i=1}^{|M|} \hat{\eta}_i} \tag{3.4}$$

式中：$|M|$ 为集合 M 的基数。

类似地，模因池中的其他模因也采用式(3.4)来更新它们的选择概率。

注意，与奖励成比例的轮盘赌选择(图 3.2)通常是一种竞争策略。然而，该方法的随机属性有助于模因选择的多样性。因此，该方法也改善了模因之间的协作程度。

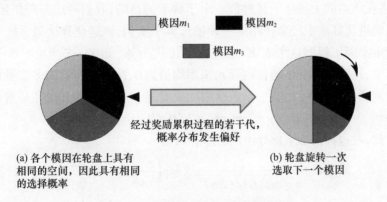

(a) 各个模因在轮盘上具有相同的空间，因此具有相同的选择概率

经过奖励累积过程的若干代，概率分布发生偏好

(b) 轮盘旋转一次选取下一个模因

图 3.2　与奖励成比例的轮盘赌选择

图 3.2 选择一个特定模因的概率，会随着它之前的性能而不断变化，如果一个模因累积了很高的奖励（即它已经展现出了对于当前优化问题的很高效能），那么在基本进化算法的将来迭代过程中，它就具有很高的概率被选中。

3.2　可进化性度量

根据自适应元拉马克学习策略，在进化遗传算子（交叉和变异）结构固定的

前提下，一个模因的选取主要依赖于与之相关的局部搜索步骤所展现出的求解优化问题的效能，研究者尚未开展清晰地建模来研究模因和进化机制之间联合操作的作用。相反，"可进化性"的概念已经定义为遗传算子和生命期学习（两者同时发生）的倾向，以便产生可行的或"潜在有利的"趋向于全局最优解的个体[7]。换句话说，研究者明确地考虑了基因和模因之间的共生关系，即同步地工作以求解一个优化问题。

下面提供可进化性的一个理论模型，作为在算法运行时有助于自适应模因选择的一种度量。根据第 2 章算法 2.2 可知，经典模因算法本质上蕴含着子代群体的迭代生成过程，并将某些形式的局部改进应用于这些个体。因此，关于捕获基因和模因的共生关系，第一个兴趣点是在基本进化算法中子代产生过程的形式化。为了达到此目的，我们自然地采取了概率方式来处理随机遗传算子。

给定父代种群 X_{pop}，以及产生一个或多个子代的特定个体 $\boldsymbol{x}_i \in X_{\mathrm{pop}}$。我们假设随机遗传算子 v，以便推导出在搜索空间 χ 上的概率分布 $p(\boldsymbol{x}|v,X_{\mathrm{pop}},\boldsymbol{x}_i)$。此外，算法在该空间上抽样子代种群。出于演示的目的，我们考虑高斯变异，作为实数编码进化算法中经常使用的一种遗传算子实例，该进化算法通常被应用于连续搜索空间。根据这个方案，通过扰动父代个体（如 $\boldsymbol{x}_i$）来产生一个子代个体。其中，扰动就是一个随机向量 $\boldsymbol{r}$，采用均值为 0、协方差为 C 的多变量正态分布加以刻画，即 $\boldsymbol{r} \sim N(0,C)$。从数学角度来看，新产生子代个体的相应解向量为

$$\boldsymbol{x}_c = \boldsymbol{x}_c + N(0,C) \tag{3.5}$$

因此，在这种情形下推导出的概率分布为

$$p(\boldsymbol{x}|v,X_{\mathrm{pop}},\boldsymbol{x}_i) = \frac{1}{\sqrt{\det(C)k(2\pi)^d}} \times \exp\left(-\frac{1}{2}(\boldsymbol{x}-\boldsymbol{x}_i)C^{-1}(\boldsymbol{x}-\boldsymbol{x}_i)^T\right) \tag{3.6}$$

式中：$\det(\cdot)$ 为矩阵行列式；d 为搜索空间的维度。

对于简单的高斯变异而言，子代的条件分布并不直接地依赖于完整种群 X_{pop}。但是，对于更复杂的遗传算子而言，该结论并非总是如此。例如，存在着这样一类进化算法：每个子代个体必须按照分布来抽样，且该分布能够近似地表现完整父代种群 X_{pop} 的潜在分布[10]。

为了形式化分析模因和随机遗传之间的联合作用，相关行动的序列可以形象地表示为 $\boldsymbol{x}_i \to \boldsymbol{x}_c \to \boldsymbol{x}_{\mathrm{mod}}$。我们已经证实，从父代 $\boldsymbol{x}_i$ 到子代 $\boldsymbol{x}_c$ 的转换能够通过概率分布 $p(\boldsymbol{x}|v,X_{\mathrm{pop}},\boldsymbol{x}_i)$ 进行建模，而且该概率分布是由算子 v 推导出的。接下来，算法应用一些模因 m，能够将 $\boldsymbol{x}_c$ 修改为 $\boldsymbol{x}_{\mathrm{mod}}$（见第 2 章算法 2.1）。尽管模因

自身本质上或许是随机的,但是为了方便讨论,这里简化了这条假设,即认为模因是确定性。这是因为,对于连续空间中基于梯度的许多局部搜索而言,事实的确如此。因此,可以认为 x_{mod} 是 x_c 的一个函数,即

$$x_{\text{mod}} = \Phi(x_c) \tag{3.7}$$

考虑由可用遗传算子构成的一个集合 $V = \{v_1, v_2, \cdots\}$ 以及一个模因池 $M = \{m_1, m_2, \cdots\}$。数组 (v_j, m_k) 表示第 j 个算子和第 k 个模因的联合应用。令总适应度改进 FI 作为该行动组合的推论,即

$$\text{FI}_{(v_j, m_k)}(x_i) = f(\Phi(x_c)) - f(x_i) \tag{3.8}$$

由于 x_c 是一个随机变量,那么 $\text{FI}_{(v_j, m_k)}(x_i)$ 也是一个随机变量。这意味着,借助无意识统计学家法则(LOTUS),我们能够得到它的数学期望:

$$E[\text{FI}_{(v_j, m_k)}(x_i)] = \int [f(\Phi(x_c)) - f(x_i)] p(x \mid v_j, X_{\text{pop}}, x_i) \mathrm{d}x \tag{3.9}$$

最终,数组 (v_j, m_k) 关于父代个体 x_i 的可进化性,其定义为

$$\text{Evolvability}_{(v_j, m_k)}(x_i) = \frac{E[\text{FI}_{(v_j, m_k)}(x_i)]}{t_{\text{budget}}^{LS_k}} \tag{3.10}$$

以便考虑分配给第 k 个模因的计算资源。

▲ 3.2.1 可进化性的随机学习

注意,不能采用数学分析的方法来计算式(3.9)。这是因为,对于所有的 $k = 1, 2, \cdots, |M|$,函数 Φ_k 是先验未知的。而且,即使我们假设某个时刻 Φ_k 是已知的,式(3.9)中的积分运算通常也是难以计算的。当 x 位于离散(组合)空间内时,情况更是如此,我们往往不能直接利用各种计算方法。因此,人们不能采用数学分析的方法来度量式(3.10)的可进化性。为了解决这个问题,这里提出了一种数据驱动学习范式,以便在算法运行时快速地获得可进化性的数值估计。

结合了初始阶段模因算法的可进化性概念,其发展过程采用了与自适应元拉马克学习策略相类似的方式,即随机地选择遗传算子和模因。这使得我们在基本进化算法的若干初始进化代数内,就能够采集到充足的有价值的数据集 D。具体地,算法将采集到的数据划分为多个子集。对于属于模因池 M 的特定模因 m_k 而言,相对应的子集表示为 D_{m_k},由 $\{(x_s, f(\Phi_k(x_s)))\}_{s=1}^{n_k}$ 所构成,其中,n_k 表示数据子集的规模。从本质上讲,D_{m_k} 包括了所产生的子代个体的完整列表以及最后所获得的适应度值。在优化搜索过程中,模因 m_k 已经被应用于这些个体上。有了该数据集之后,式(3.10)等号右边的部分可以近似

地表示为

$$\left.\sum_{s=1}^{n_k} w_s [f(\boldsymbol{\Phi}_k(\boldsymbol{x}_s)) - f(\boldsymbol{x}_i)] \middle/ \sum_{s=1}^{n_k} w_s \right/ t_{\text{budget}}^{\text{LS}_k} \quad (3.11)$$

式中，w_s 为权重，定义为

$$w_s = p(\boldsymbol{x}_s | v_j, X_{\text{pop}}, \boldsymbol{x}_i) \quad (3.12)$$

由于已经计算得到了数组 (v_j, m_k)（任意 j 和 k）的可进化性，因此能够最优化（最大化）可进化性的那个联合行动最终将被应用于其父代个体 $\boldsymbol{x}_i$ 上。必须时刻牢记，因为可进化性度量是关于 $\boldsymbol{x}$ 的一个函数。因此，在父代种群中，不同个体的最优数组是不同的。在任何情况下，任意数组的行动结束之后，算法发现的结果被立刻更新至数据集 D 中。其目的是，为了在基本进化算法的后续迭代过程中，帮助指导遗传算子和模因的选取。

3.3 模因复合体

在已经介绍的这些方法中，候选解执行局部改进时，只受到单一模因的作用，当然算法能够自适应地从可用模因池中选取该模因。为了引入更灵活的生命期学习行为，此处引入模因复合体的概念（记为 memplexe）。本质上，模因复合体是一个由众多相互协助、相互适应的模因所构成的稳定集合。与单个模因相比，这些模因共同工作，能够获得更多的资源[8,11-12]。在一个模因复合体中，各个模因之间相互作用，以便增强彼此之间的能力，构成了一个模因的稳定结构。换句话说，算法放弃了在一个时刻只选择一个模因的模式。此时算法强调的是构建一个模因网络，网络中的模因能够参与到集体学习和同步行动中。因此，每一个模因都扮演着特定角色（如引入独特的生命期偏好），并在优化算法运行中相互补充。

3.3.1 模因复合体的表达

构成模因复合体 M 的这些模因，全部来自于现有可用模因池 M 中。在个体的生命期学习过程中，模因复合体顺序地激活这些模因（局部搜索），以便改善候选解。在给定的实例中，激活模因 m_k 与激活它前面的那个模因 m_j 紧密耦合，连接权重 w_{jk} 表示了两者之间的耦合程度。事实上，模因 m_j 和 m_k 构成的所有对，都采用连接权重方式将彼此连接在一起，如图 3.3 所示。

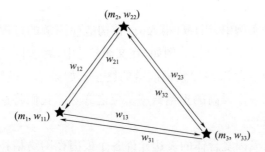

图 3.3 模因复合体 M 的模因网络拓扑结构(以由三个模因构成的简单情形为例：其中,边的权重代表了模因之间的耦合度,较高的边权重表示相应的模因对应当以不断增加的概率被连续激活)

因此,人们采用一个全连接有向图来表示模因复合体 M 的模因网络拓扑结构。其中,这些模因构成了图的顶点,有向边意味着顶点之间的协同程度。对于一个强耦合的模因对而言,激活其中一个往往会立即激活另一个,连接这两个模因的边将被赋予较高的连接权重。鉴于此,我们采用一个 $|M| \times |M|$ 的权重矩阵来表示模因网络所形成的模因混合体 M 的关键节点,即

$$W_M = \begin{pmatrix} w_{11} & \cdots & w_{1,|M|} \\ \vdots & & \vdots \\ w_{|M|,1} & \cdots & w_{|M|,|M|} \end{pmatrix} \tag{3.13}$$

式中:w_{kk} 表示当其独立执行时模因 m_k 的效能水平。

给定模因网络结构以及权重矩阵 W_M,在基本进化算法中,一个候选解的局部搜索过程的基本流程如下所述。首先,从模因池 M 中以概率 $p(m_j)$ 选取一个"种子"模因(如 m_j),则

$$p(m_j) = \frac{w_{jj}}{\sum_{i=1}^{|M|} w_{ii}} \tag{3.14}$$

这个"种子"模因一旦被选中,"种子"就"发芽成长"形成一条模因链,其构成元素被连续地应用于正处于生命期学习的个体中。具体地,给定一个当前模因 m_j 和模因集合 $M'(\subset M)$,集合中的模因正准备添加到该链条中。那么,我们采用概率的形式来确定后面的模因,其概率分布为

$$p(m_k) = \frac{[w_{kk}]^{\alpha_1}[w_{jk}]^{\alpha_2}}{\sum_{\forall m_i \in M'} [w_{ii}]^{\alpha_1}[w_{ji}]^{\alpha_2}} \tag{3.15}$$

式中:α_1 和 α_2 是两个参数,分别控制单个模因的效能以及模因间耦合度的相对

重要度。

注意,在许多实例中,当|M|很大时,在构造模因链的过程中需要强加一些额外条件,以防止其变得很长。例如,在文献[8]中,算法以一定的概率拒绝式(3.15)所选取的模因,以便导致模因链的终止。如果单个模因的个体效能 w_{kk} 很低,算法就分配一个很高的拒绝概率。反之亦然。我们将这种模因链的受约束实现的长度表示为 L_M。

更重要的是,模因复合体的表达允许各个模因在网络拓扑结构内显式地彼此间相互作用。复杂模因间的相互作用能够产生一些独特的组合效果,这些效果与模因要素单独作用所产生的任何结果都不相同。此外,一个网络中模因间相互作用的数量,会随着模因池 M 的规模而相互关联地增长。人们值得期待,在生命期学习过程中涌现出许多新的、精巧的行为类型。

3.3.2 模因复合体网络权重的学习

在前面的讨论中,我们假设权重矩阵 W_M 体现了模因复合体的特征,而且某种程度上是可获得的。基于此,我们快速地描述了构造局部改进链的方法。然而,在实践中,几乎不可能获知关于 W_M 的先验知识。因此,人们必须在线地逐步习得这些知识。为此,再次提出一种数据驱动的学习范式,它能够延伸至基本进化算法的各代。

我们将权重矩阵 W_M 的无偏初始化作为优化算法运行的开端,以便为每个模因提供相等的被激活的机会。因此,给定模因链中一个特定抽样,我们按照与元拉马克学习策略相类似的奖励累积方法来更新权重矩阵。每次激活一个模因 m_k,就计算出一个即时奖励 η_k。它的更新会被引入到 W_M 中,即

$$w_{kk} \leftarrow \gamma \cdot w_{kk} + \eta_k \tag{3.16}$$

式中:$\gamma \in [0,1]$ 是一个折扣因子,反映了该模因最近性能的影响程度。

同样地,模因对 (m_j, m_k) 会连续地出现在模因链中。它们之间的连接权重的更新如下:

$$w_{jk} + = \tilde{\eta}/L_M \tag{3.17}$$

式中:$\tilde{\eta}$ 是延迟奖励,在整个模因链执行完毕之后才能获得。

在这种方式中,由于算法将个体模因和模因协同所显露出的潜力转移至日益耦合的模因复合体,因此网络权重能够与当前优化问题的特质之间有条不紊地保持一致。

3.4 高代价全局优化中的多代理

与前面各节不同,本节将解决一个相对小众话题:高代价优化问题。传统进化算法(在某种程度上,甚至模因算法)通常会消耗相当多的函数评估次数,以便收敛至好的候选解。因此,如果每一次评估需要大量计算资源,那么这些算法通常就不是一种实际可行的选项。在各种各样的现实世界应用问题中,都能够发现许多优化问题,它们具有这种类型的评估方式。但是,最经常被引用的例子是在工程设计领域内。此时,评估一个候选设计方案往往需要花费数小时的数值仿真时间,或者复杂的物理实验[13]。

解决上述类型优化问题的一种常用方法是代理辅助优化[14-16]。简单地说,"代理"是指(高代价的)真正目标函数的一个计算代价较低的预测模型,它能够被用于一个切实可行的替代方案,以不断推动搜索过程。算法利用代理模型来执行大多数的函数评估,包括那些被用于生命期学习的函数评估。与此同时,算法只精确地评估少部分候选解,包括被寄予期望能够靠近最优解的候选解,或者被认为对于搜索过程具有特殊价值的候选解。

给定一个高代价问题,代理辅助优化首先在搜索空间内抽样少量的(如 n 个)点,并评估它们的真实目标函数值,以便构成一个数据集 $D=\{x_s,f(x_s)\}_{s=1}^n$。随后,算法按照下述步骤反复迭代,直到计算资源被消耗完毕:①在数据集 D 上训练一个代理模型 m,它是真正目标函数 $f(x)$ 的一种近似 $\hat{f}(x)$;②在 $\hat{f}(x)$ 上执行指定的生命期学习过程,以便确定一个候选解集合,这些候选解将被精确评估;③一旦在一次迭代中完成了所有的精确评估,算法就更新数据集 D,同时算法返回步骤①。

需要特别指出的是,在这个阶段,代理辅助方法的一种特殊类别(贝叶斯优化)最近引起来了广泛的关注。这种方法的特点是,利用了 $f(x)$ 的概率估计。其显著特征是,利用获得的近似模型的后验预测分布(即预测均值以及预测方差),使得我们设计出理论上可行的搜索方案成为可能。这些搜索方案能够获得探索和开发之间的最佳平衡。但是,对于贝叶斯优化的详细描述已经超出了本书的研究范畴,感兴趣的读者请参考系统的综述文献[17]。

返回到代理辅助优化的基本流程上来,我们注意到,从本质上步骤①是一个回归问题。其目标是学习到一个从输入(搜索)空间 X 到输出(目标)空间 f 的映射。近些年来，人们提出了大量的机器学习模型来处理该项任务。其中，最著名的模型实例包括人工神经网络（结构各异，从浅层的[15]到非常深度的[18]不一而足）、广泛地应用于贝叶斯优化中的概率高斯过程（在高代价全局优化文献[14]中，也称为Kriging模型）以及多项式响应面[15]等。

每一种学习算法必然具备一些独有的特征，这些特征不一定能很好地与当前问题的特征保持一致。因此，如果将一个模因的计算表达扩展到同时包括了学习算法的选取，那么一种全新的多模因环境就涌现出来。在文献[9]中，这种环境称为多代理。假设由多个机器学习模型$\{m_1, m_2, \cdots\}$构成的多样化池M，每个模型都代表着一个对f的独特近似$\{\tilde{f}_1, \tilde{f}_2, \cdots\}$。那么，我们就再次面对选择一个合适的模因问题，以保证整体的优化性能得到加强。

为了再次解决这个问题，在文献[9]中作者提出了一种贪婪方法，给每一个模因都分配适应度评估和随后的候选解改进的任务。然而，算法只接受最佳的改进解。我们为这种方法所提供的正当理由是：尽管贪婪方法看上去计算花费很大，但是事实上，在执行各个解改进措施之前，训练独立代理模型是一项高度并行的任务。因此，在当今现代化计算平台上，只需要花费一点计算资源，就能够轻松地解决这个问题。特别地，相对于那些异常高代价的数值模拟（函数评估）代码而言，情况更是如此。

另外，如果我们考虑另一种应用场景，获得充足的硬件资源是一件困难的事，那么，选择合适模因的过程就变得非常重要。细心的读者已经发现，通过拓展已经讨论过的基于奖励的学习策略，就实现了本章的自适应模因选择。此时，基于观测到的性能，我们能够简单并在线地调节一个模因的选取概率。

3.4.1 专家复合体

如果做出如下假设：在代理辅助优化算法中，生命期学习过程能够持续地发现预测适应度空间的全局最优解，那么选择模因（或者寻找一些模因组合）时，必须小心谨慎，这些模因能够以最高的精度近似真正的目标函数。这是因为，优化一个低代价的近似模型将直接产生原始问题的次最优解。通过引入专家（学习者）复合体的概念，我们重点探索这个思路。在本书的后面章节中，我们将更详细地介绍这个主题。

给定一个机器学习模型池，专家复合体关注基本学习者的组合，以便产生理想的输出。相比于单个估计而言，它能提供更好地预测精度。该输出结果的实

用价值非常明显,特别是在上述关于理想的生命期学习过程的假设下。从数学角度来讲,从专家复合体中实施估计,可以记为

$$\hat{f}(\boldsymbol{x}) = \sum_{k=1}^{|M|} w_k \cdot \hat{f}_k(\boldsymbol{x}) \text{ 对于任意 } k, \sum_{k=1}^{|M|} w_k = 1, \text{且 } w_k \geq 0 \quad (3.18)$$

我们最感兴趣的是以下事实:存在一组复合系数或权重$[w_1, w_2, \cdots, w_{|M|}]$,使得该复合体的输出至少能够与最佳单个模型的输出一样精确,现在证明下述定理。

定理 3.1 假设无偏基本估计算法都是相互独立的,那么存在一组复合系数,使得该复合体的泛化误差能够低于最佳单个估计的泛化误差。

证明:本证明是基于文献[19]推导出的结果。我们首先考虑第k个模型的误差,将其表示为$\varepsilon_k(\boldsymbol{x}) = f(\boldsymbol{x}) - \hat{f}_k(\boldsymbol{x})$。无偏估计的假设和各个模型相互独立的假设(如定理所描述的那样),能够正式地记为

$$\int \varepsilon_k(\boldsymbol{x}) \mathrm{d}\boldsymbol{x} = 0, \text{任意 } k \quad (3.19)$$

$$\int \varepsilon_j(\boldsymbol{x}) \varepsilon_k(\boldsymbol{x}) \mathrm{d}\boldsymbol{x} = 0, \text{任意 } j, k, \text{且 } j \neq k \quad (3.20)$$

根据式(3.19)和式(3.20),并结合式(3.18)的单位分解和非负条件,我们设置复合系数为

$$w_k = \frac{\sigma_k^{-2}}{\sum_{i=1}^{|M|} \sigma_i^{-2}}, \text{任意 } k \in \{1, 2, \cdots, |M|\} \quad (3.21)$$

在式(3.21)中,假设项σ_k^2为

$$\sigma_k^2 = \frac{\int [\varepsilon_k(\boldsymbol{x})]^2 \mathrm{d}\boldsymbol{x}}{\int \mathrm{d}\boldsymbol{x}} \quad (3.22)$$

式(3.22)只是第k个代理模型在整个搜索空间内的平均泛化误差。相似地,利用式(3.19)~式(3.21),我们获得最终复合体的泛化误差σ^2,即

$$\sigma^2 = \frac{\int [\sum_{i=1}^{|M|} w_i \cdot \varepsilon_k(\boldsymbol{x})]^2 \mathrm{d}\boldsymbol{x}}{\int \mathrm{d}\boldsymbol{x}} = \sum_{i=1}^{|M|} w_i^2 \cdot \sigma_i^2 = [\sum_{i=1}^{|M|} \sigma_i^{-2}]^{-1} \quad (3.23)$$

由于$\sigma_k^{-2} \leq \sum_{i=1}^{|M|} \sigma_i^{-2}$,因此对于任意的$k$,可以立即得到$\sigma^{-2} \leq \sigma_k^{-2}$。

从代理辅助优化以及机器学习中标准预测建模的角度来看,至少在理论上,上述结论的关键信息是令人欣喜的。更重要的是,该结论清晰地显示出各种知

识(即模因)"积木块"之间的协同作用所具有的理论优势。在本实例中,具有不同计算表达式的多个机器学习模型体现了这些知识"积木块"。有条理地集成这些基本模型,不仅改进了对目标函数的学习,而且对改进问题求解效率产生了直接影响。在本书的后面章节中,我们将更加深入地探讨这个思想。现在,返回到式(3.21)。注意,人们并不能事先获得个体模型的泛化误差即 σ_k^2。因此,正如式(3.21)所描述的那样,我们或许难以精确地确定 w_k 的数值。为了获得关于 σ_k^2 的合理近似值,尽管存在许多方法能够避开这个问题,但各种方法所涉及的精确步骤与本书所讨论的直接目标并无关系。本章只是简单地引入了复合体模型的概念。因此,我们这里省略了一些必要的具体细节。

3.5 结 论

本章回顾了模因算法中现有的数据驱动方法,以便实现自适应,并特别强调了那些适合多模因环境的方法。可以预期,本章提出的这些思想将启发其他创新路径,使得模因算法中模因的选择或集成能够自动化,并最终使得人类摆脱混合优化算法设计中的烦琐过程。

我们没有开展深入的实验来验证所提出的方法,这是因为读者能够轻易地在文献中找到这些实验。但是,本章详细描述了这些方法的主要理论和实践结果。尽管如此,为了形象地展示在实践中能够提供哪些同步的问题学习和优化,此处针对高度欺骗性的级联 trap-5 函数(见第 2 章),开展了简短的实验研究。本节使用了奖励成比例的元拉马克学习策略以及经典模因算法,并与简单进化算法开展了对比研究。与第 2 章的实例相一致,在基本进化算法中考虑两种交叉算子:单点交叉和均匀交叉。而且,这里考察了经典模因算法的两个变种,即分别应用 2 比特翻转和 5 比特翻转的局部搜索启发式算法。因此,在线数据驱动自适应模块的作用是,为了在基本进化算法中已产生子代的生命期学习,从两个可行选项中选取一个更合适的模因。在搜索过程的初始阶段,自适应模因算法为所有模因分配相同的选取概率,没有任何先验的偏见。随后,开始种群学习过程。实验所获得的结果,如图 3.4 所示。

图 3.4(a)和图 3.4(c)给定两种不同的交叉算子时,分别利用简单进化算法、经典模因算法和自适应模因算法求解级联 trap-5 函数的平均收敛趋势;图 3.4(b)和图 3.4(d)采用元拉马克学习策略时的模因选择概率。误差条代表了一个标准偏差。

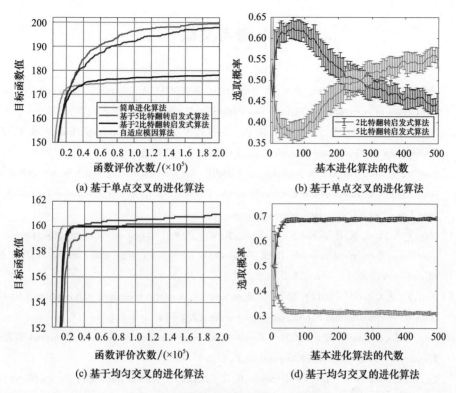

图 3.4 进化算法的实验结果(见彩图)

实验结果的主要亮点是算法有条不紊地学习到了模因选择概率,如图 3.4(b) 和 3.4(d) 所示。在图 3.4(b) 中,在基本进化算法中采取了单点交叉算子,元拉马克学习策略能够逐步地发现,5 比特翻转启发式算法与进化过程之间更加的协同一致。相反,在图 3.4(d) 中,在基本进化算法中采取了均匀交叉算子,自适应策略能够辨识出,5 比特翻转局部搜索启发式算法或许不再适合。因此,相对于 2 比特翻转启发式算法而言,我们给它分配了一个较低的选取概率。所以,所有数值实例研究充分证明,与最好的人工设计的经典模因算法的性能相比较,自适应模因算法的性能至少具有相当的竞争力。事实上,在图 3.4(c) 中甚至可以发现,它的平均性能只比基准算法略强。更重要的是,算法能够从一次优化运行过程中所产生的数据中直接学习,并获得这些结果,而无须任何人工干预。这样不仅验证了自适应的实用性,能够放松对于人类专家意见的严重依赖,而且着重突出了在优化问题求解过程中充分利用数据的价值。

参考文献

[1] Meuth, R., Lim, M. H., Ong, Y. S., & Wunsch, D. C. (2009). A proposition on memes and meta-memes in computing for higher-order learning. *Memetic Computing*, *1*, 85–100.

[2] Nguyen, Q. H., Ong, Y. S., & Lim, M. H. (2009). A probabilistic memetic framework. *IEEE Transactions on Evolutionary Computation*, *13*(3), 604–623.

[3] Cowling, P., Kendall, G., & Soubeiga, E. (2000). A hyperheuristic approach to scheduling a sales summit. In *International Conference on the Practice and Theory of Automated Timetabling* (pp. 176–190). Berlin, Heidelberg: Springer.

[4] Ong, Y. S., Lim, M. H., Zhu, N., & Wong, K. W. (2006). Classification of adaptive memetic algorithms: A comparative study. *IEEE Transactions on Systems, Man, and Cybernetics, Part B (Cybernetics)*, *36*(1), 141–152.

[5] Neri, F., & Cotta, C. (2012). Memetic algorithms and memetic computing optimization: A literature review. *Swarm and Evolutionary Computation*, *2*, 1–14.

[6] Ong, Y. S., & Keane, A. J. (2004). Meta-Lamarckian learning in memetic algorithms. *IEEE Transactions on Evolutionary Computation*, *8*(2), 99–110.

[7] Le, M. N., Ong, Y. S., Jin, Y., & Sendhoff, B. (2012). A unified framework for symbiosis of evolutionary mechanisms with application to water clusters potential model design. *IEEE Computational Intelligence Magazine*, *7*(1), 20–35.

[8] Chen, X., & Ong, Y. S. (2012). A conceptual modeling of meme complexes in stochastic search. *IEEE Transactions on Systems, Man, and Cybernetics, Part C (Applications and Reviews)*, *42*(5), 612–625.

[9] Zhou, Z., Ong, Y. S., Lim, M. H., & Lee, B. S. (2007). Memetic algorithm using multi-surrogates for computationally expensive optimization problems. *Soft Computing*, *11*(10), 957–971.

[10] Larranaga, P. (2002). A review on estimation of distribution algorithms. In *Estimation of distribution algorithms* (pp. 57–100). Boston, MA: Springer.

[11] Dawkins, R. (1976). *The selfish gene*. Oxford: Oxford University Press.

[12] Blackmore, S. (2000). *The meme machine* (Vol. 25). Oxford Paperbacks.

[13] Min, A. T. W., Sagarna, R., Gupta, A., Ong, Y. S., & Goh, C. K. (2017). Knowledge transfer through machine learning in aircraft design. *IEEE Computational Intelligence Magazine*, *12*(4), 48–60.

[14] Jones, D. R., Schonlau, M., & Welch, W. J. (1998). Efficient global optimization of expensive black-box functions. *Journal of Global Optimization*, *13*(4), 455–492.

[15] Jin, Y. (2011). Surrogate-assisted evolutionary computation: Recent advances and future challenges. *Swarm and Evolutionary Computation*, 1(2), 61-70.

[16] Ong, Y. S., Nair, P. B., & Keane, A. J. (2003). Evolutionary optimization of computationally expensive problems via surrogate modeling. *AIAA Journal*, 41(4), 687-696.

[17] Shahriari, B., Swersky, K., Wang, Z., Adams, R. P., & De Freitas, N. (2016). Taking the human out of the loop: A review of Bayesian optimization. *Proceedings of the IEEE*, 104(1), 148-175.

[18] Baluja, S. (2017). Deep learning for explicitly modeling optimization landscapes. *arXiv preprint* arXiv:1703.07394.

[19] Perrone, M. P., & Cooper, L. N. (1995). When networks disagree: Ensemble methods for hybrid neural networks. In *How we learn; How we remember: Toward an understanding of brain and neural systems* (pp. 342-358).

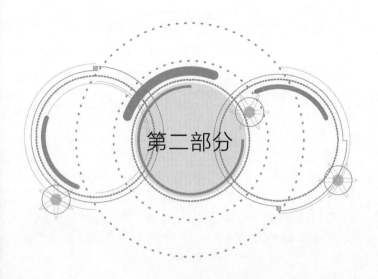

第二部分

机器设计的模因

第 4 章
模因自动机

我们感兴趣的现实世界问题几乎不可能孤立存在。因此当面对一项之前从未遇到的挑战或任务时,人类会习惯性地利用业已存在的思想,无论这些思想是我们自己的,还是从其他人那里获得的。1976 年,Richard Dawkins 出版了专著《自私的基因》,将这些储存于我们头脑中的知识积木块称为"模因"。巧合的是,当今丰富且各异的模因正在渗透到人类和工业活动的所有方面,互联网恰好就是这些模因长久不衰的源泉。尽管这项技术正在变得无处不在,而且它与模因论概念存在确定无疑的关联性(其证据就是所谓"互联网模因"的广泛传播)。但是,包括优化算法在内的大多数计算系统,仍然继续坚持采取从零开始的所谓白板风格的方法来处理问题,这是令人震惊的。与人类相反,这些计算系统或算法的能力并不能随着经验增多而不断获得提升。甚至对于在本书的前面各章中模因论的算法实现(数量有限)而言,这种情况都是千真万确的。前面的讨论集中于混合优化算法,在进化周期的"生命期"阶段,这些模因只扮演着补充的角色。而且,即便在第 3 章中,同步地问题学习和优化策略也只是提供了少部分的观察视角,即在实践中能够获得哪些复杂的模因计算。这是因为,学习过程被限定在来源于单一任务的数据集上,几乎没有涉及不同优化问题之间的信息迁移。因此,为了使得模因计算更加接近于人类的问题求解能力,我们在本章中提出了一个新颖的概念:模因自动机[1-3]。

术语"自动机"通常是指,模仿人类而造的一台自我运作的机器。在模因计算的环境中,模因自动机被视为一种具备自主行为能力的软件智能体(优化算法)。特别地,通过从过往经验中独立获取的,或者与其他事物相互作用而获取的各种嵌入式模因,模因自动机能够获得随着时间变化而日益增长的智能水平。

在这个框架中,模因的概念不再局限于局部搜索策略的狭窄范畴,而是扩展至问题求解知识的潜在丰富形式。而且,这些模因能够采用任意的计算表征加以表达,这些计算表征能够从一个问题中被获得并自发地转移至其他问题中。接下来,所有可用知识模因的自适应(数据驱动)集成,使得模因自动机立即精心安排定制化的搜索行为成为可能。这种输出能够理解为某种类型的机器思考,以确保人类从繁重的任务(详细说明一个问题的所有特征)以及行动(程序必须执行的处理工作)中解脱出来。其结果就是,它重新激活了我们对于具备通用人工智能的算法的追求。通用人工智能的特征是,通用问题求解能力的自主学习。

在当今时代,我们很容易获得由互联网创造出的大量数据或信息,模因自动机的概念对于优化算法的将来具有至关重要的影响。有鉴于此,本章引入了正在涌现的多问题环境,并将其设定为本书剩余部分的应用背景。在多问题环境中,人们认为模因自动机必将欣欣向荣。在这样的设置中,我们确立了模因的一种抽象解释,即随机的知识"积木块",并使得该方法正规化。采用这种正规化方法,算法能够利用这些模因来提高优化性能。此外,我们展示了一些理论论据。这些理论论据表明,优化算法的效能如何与多种模因所构成的知识库一起,共同地保持持续增长。简而言之,我们借助计算模因自动机的方式来模拟人类行为,本章的论据则揭示了其背后所蕴含的基本科学道理。

总结本章,我们明确指出了多问题环境的两种不同类别,分别为:①时序知识迁移;②多任务知识迁移。依据随机建模的观点,本章引入了各自的数学表达式,以便与此处所涉及的模因的抽象解释相一致。本书的第 5 章和第 6 章将着重介绍,用于处理前述场景类型的各种算法的具体细节。

4.1 多问题环境:一种新的优化场景

在工业环境中,我们总是期望任何有价值的实际系统能够在其生命期内处理大量的问题。其中的许多问题要么是重复的,要么至少共享了某些具体领域的相似之处。毋庸置疑,在这样的场景中,充分利用固有领域知识的能力的确能够将专家和初学者区分开来。需要指出的是,在机器学习中,人们充分利用相关资源中的可行数据,进而改进目标任务中预测函数的精度。这种思想已经获得了大量关注,称为迁移学习[4-5]。然而,相关的研究进展主要局限于预测建模领域内。也就是,训练数据集的可用性使得判断知识迁移的可行性成为可能。

与之相对地,在黑箱搜索和优化算法的领域,在搜索开始之前,我们往往缺乏具体问题的数据。这意味着,在定量化研究方面存在着不可避免的误差,这些研究涉及离线相似度评估和不同问题之间的自适应信息迁移。因此,对于模因自动机的实际实现而言,设计一些新颖的算法显得非常有必要。基于在搜索过程中产生的数据,这些算法能够在线采集并利用问题之间重复出现的模式。需要特别提醒的是,至少从硬件的观点来看,习得的(计算上已解码的)模因的平滑迁移能够获得云计算和物联网(IoT)等现代技术的大力扶持,这些技术能够支持大规模数据存储和机器间的无缝通信。

鉴于大多数现实世界问题会重复出现的特点,这使得孤立地处理它们变得毫无意义。相应地,我们正式提出:多个相关问题共同存在(即多问题)。这是环境的一种典型特征,在这种环境中模因自动机将变得日益繁荣起来。

有鉴于此,考虑 K 个完备的优化问题(或任务),分别表示为 $T_1, T_2, \cdots, T_K$,分别属于域 $D_1, D_2, \cdots, D_K$。第 k 个域表示为 D_k,它代表了搜索空间 X_k 以及辅助空间 Y_k。具体地,辅助空间包括了所有可能的操作状态,在这些操作状态下才能够执行优化实例。

为了澄清上述两个空间的差别,我们考查了飞机机翼的优化设计实例。这项任务的目标是,在遵守规定的巡航马赫数(飞行速度)的前提下,最小化施加于机翼上的整体阻力[6]。注意,不同的飞机意味着以不同的速度飞行。例如,一方面是速度相对较慢的民用运输机;另一方面是超声速战斗机,它们的机翼设计通常有明显不同。正如所料,在确定某种设计的适用性时,马赫数是一项关键因素。换句话说,尽管所有可能的机翼设计集合构成了搜索空间,但是马赫数扮演着辅助变量的角色。它规定了操作状态,在这种状态下搜索过程不断前进。因此,不同的巡航速度导致了替代设计的一个合理区间,而且这些设计彼此之间或许共享了一些共同特征。

对于给定的在 D_k 中的问题 T_k,元素 $y_k \in Y_k$ 表示操作状态(可能是一个向量值)。此外,任何优化任务 T_k 必然拥有一个候选解适应度的度量以及不等式约束 G_k 和等式约束 H_k 的可选集合。其中,这个度量与奖励或目标函数 f_k 成正比例关系(考虑最大化问题)。在此基础上,我们能够将不同的(最好是相关的)任务转化到一个多问题环境。这种预期转化过程可以表述如下:

$$T_k : \underset{x}{\text{maximize}} f_k(\boldsymbol{x}, \boldsymbol{y}_k), \quad k \in \{1, 2, \cdots, K\}$$
$$\text{s. t. } g_{ki}(\boldsymbol{x}, \boldsymbol{y}_k) \leq 0, \quad i = 1, 2, \cdots, |G_k|; \quad (4.1)$$
$$h_{ki}(\boldsymbol{x}, \boldsymbol{y}_k) = 0, \quad i = 1, 2, \cdots, |H_k|$$

式中,$f_k : X_k \rightarrow \mathbf{R}$。

注意,在式(4.1)中,y_k并不是搜索的直接组成部分。这是因为,我们只能针对候选解 $x \in X_k$ 开展优化。

式(4.1)和优化问题的标准表达式之间的唯一差别就在于,此处同时存在着多个(K个)时间上分布的任务。促成该新联合问题环境的基本假设就是,相应的优化求解算法能够彼此之间(在网络上)相互交流。这样的话,某个算法"习得的经验"能够直接迁移至其他算法。而且,借助云基础设施的帮助,从过往问题求解经验中获得的知识能够被存储(在假想的知识库中),在将来的任何时刻能够被任何机器获取并重新利用。借助图4.1中的网络,人们能够从概念上解释这种环境设置。其中,每一个完备的任务构成一个独立顶点,顶点之间的边代表了它们之间通信(即模因迁移)的范围。中心顶点代表了云存储设备。人们坚持认为,借助这种计算网络,知识模因的传播类似于在社会网络中模因的传播。因此,事实上,处理不同优化任务的算法,能够被理解为模因自动机的一种表征。利用它们自身以及其他的经验,模因自动机随着时间会不断增长自身的智能(问题求解能力)。

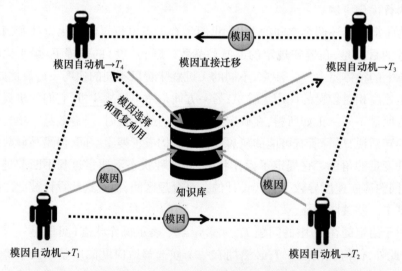

图4.1 多问题环境的一种直观解释,该环境是模因自动机的一个网络(通过物联网等现代计算技术,能够确保该网络的普遍连通性。这种普遍连通性使得习得的模因在相互连接的机器(模因自动机)构成的网络内被无缝地传播,这有助于合理地求解问题)

▲ 4.1.1 模因迁移的定性的可行性评估

在讨论知识迁移过程中自然冒出的问题是,它是否总能引起算法性能的提升。在这方面,看起来非常清晰,如果两个任务之间没有任何共同点,那么知识从一个任务迁移到另一个任务将很可能不会带来明显的好处。在最差的情形下,甚至会导致有害的结果(也称为负迁移[4])。因此,通常来讲,模因的盲目迁移是不明智的。我们强调对策略的需求,这些策略能够适应迁移的程度依赖于任务之间的相互关系。需要注意的是,目前尚不存在获得广泛认可的一种方法能够将优化问题之间的相互关系定量化。特别是在黑箱环境下,我们不可能获得目标函数和约束函数的解析形式(这就导致不可能开展严格的离线数学处理)。因此,我们急需一些新颖的算法,通过在线的数据驱动学习,这些算法能够揭示问题之间的潜在关系。

尽管任务间相互关系的自动学习能够放松对人类干预的需求,但是,它偶尔也不能消除负迁移的威胁。这是因为,不可预测的误差将在各种推论之间缓慢扩散,而这些推论来源于对有限数据集的不精确学习。因此,作为一种对数据驱动学习范式的补充途径,下面提出一些任务间相互关系的简单的定性指标。这些讨论提供了模因迁移的预期效能方面的基本感性认识,随后这些认知能够被用来监督那些有关模因自动机的纯粹的数据驱动适应性。

我们首先考虑所有特征构成的集合 V_k,这些特征包含在域 D_k 上的特征空间 $V_k = X_k \times Y_k$ 内。V_k 中每一个基本特征都赋予了特定域的内容含义,代表了域中的所有优化任务。在更高层次上,比较不同任务的特征集合之间的重叠程度,能够为优化的实践者提供一种关于任务间知识迁移的适合度方面的定性暗示。沿着这个方向前进,基于前述假设,我们将任务对划分为下述三种类别。

(1)完全域重叠

对于任意两个优化任务 T_1 和 T_2,如果它们相应的特征集合所包含的所有特征是语义相同的话,它们各自的域 D_1 和 D_2 就称为完全重叠,即关系 $V_1 = V_2$ 成立。等效地,如果特征集合的交集表示为 $V_{overlap} = V_1 \cap V_2$,那么可以得到

$$V_1 \backslash V_{overlap} = \phi \wedge V_2 \backslash V_{overlap} = \phi \tag{4.2}$$

为了将这个概念阐释得更加清晰,我们重新回到前面所介绍的飞机机翼设计的实例。在这种环境中,考虑两项不同的优化任务。第一项任务涉及调节机翼的几何参数,面向相对小型的、短航程至中等航程的民用航空飞机,飞机的巡航速度规定为马赫数 0.78。第二项任务涉及调节相同的参数,但是面向明显更大型的、长航程的飞机,巡航速度规定为马赫数 0.86。显然,这两项任务是不同的。然而,因为它们各自的特征空间是精确重叠的(也就是说,它们都来源于完全相同的域),因此有理由预期,从某个优化实例中获取的知识很可能对于另一个实例是有利的。

(2) 部分域重叠

如果存在一个特征子集,它在至少一个任务中是唯一的,那么域 D_1 和 D_2 就被称为部分重叠。这种条件可以描述为

$$V_{overlap} \neq \phi \wedge (V_1 \backslash V_{overlap} \neq \phi \vee V_2 \backslash V_{overlap} \neq \phi) \tag{4.3}$$

作为部分重叠的一个直观解释的实例,想象飞机机翼设计问题的一个变种:除了调节几何变量之外,还需要关注机翼的材料配置的优化问题。因此,与之前的场景相对比,特征空间增加了人们感兴趣的额外变量。在这种情形下,尽管搜索空间被扩大了,我们能够想象得到,某些可迁移的知识或许会继续存在于重叠特征中(即 $V_{overlap}$),这些重叠特征与各自机翼的几何属性有关。因此,模因自动机能够潜在地利用非空的 $V_{overlap}$ 所蕴含的相互关系。

(3) 无域重叠

如果满足下式,这样的域就称为完全无重叠:

$$V_{overlap} = \phi \tag{4.4}$$

换句话说,属于本类别的任意两个优化任务之间,都不存在明显的相互关系。甚至于,可以假设第一个任务具有连续性特征,第二个任务具有离散性(组合性)特征,反之亦然。当然,这种环境设置并非完全排除掉隐藏性关联的可能性。通过检查特定任务数据集,我们能够揭露出这些隐藏性关联。然而,在这种情形下,强制加入知识迁移等同于模因的盲目迁移。因此,我们有必要减缓在线学习过程中独立产生的负迁移。

在理想情况下,随着 $|V_{overlap}|/|V_1 \cup V_2|$ 数量的增加,我们预期,模因迁移的有效性会随之增加。然而,就如同前面提到的那样,即便是在无域重叠的情形下,我们也不能立即摒弃掉知识迁移的潜在益处。也就是说,在这种极端情形下,对于习得模因的富有成效的传播而言,我们必须定义一个共同的通信平台,使得其他异质的模因自动机之间能够虚拟地交互。

4.1.2 搜索空间统一的重要性

想象一下,来自不同国家的形形色色的人们聚集在一起。他们可能各自携带着有价值的信息,并愿意彼此之间分享。但是,只有他们会讲同一种语言的时候,他们才能这样做。要不然,他们必须请求翻译的帮助,且这名翻译会讲多种语言。具体地,这名翻译的角色就是消化理解以某种语言讲出来的一些话语,将这些语句中蕴含的思想或信息(模因)转换为另一种语言,并以口头(或文字)形式将它们告知目标听众。类似地,各种各样的问题展现出不完全的域重叠,那么在这些问题之间的模因迁移的初始化过程中,就需要一种面向多种模因自动机

的等效计算翻译。基于这种需求,我们提出了统一搜索空间的概念。事实上,人们已经提出了类似概念,作为确保多问题环境通用性的关键要素之一[1,7-10]。

统一搜索空间 X 包括了在多问题环境中所有任务的独立搜索空间。也就是说,属于任务 T_k(其搜索空间为 X_k)的一个候选解"x",能够被编码映射到空间 X,然后被解码至任何其他空间 $X_1, X_2, \cdots, X_K$。因此,借助统一搜索空间,从一个任务所对应的数据中习得的模因能够直接迁移至任意其他任务。该基本思想的图解,如图 4.2 所示。这种统一性使得模因自动机成为可能,它能够促使那些表面并不相似的优化问题之间产生相互作用。

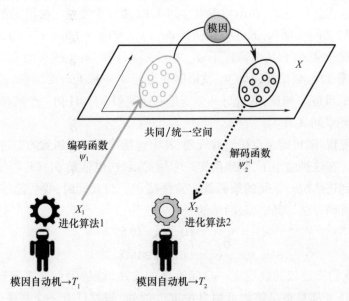

图 4.2 使得多问题共处一个场景下的统一过程的概念解释
(在一项任务的优化运行过程中产生的数据能够被编码至统一空间。因此,借助一个共同或共享的平台,习得的知识模因能够立即迁移至其他(潜在的、不同的)任务。)

为了达到这个目的,随机键表征是一种统一过程的方法,其已经在实践中展现出明显的发展潜力。该方案的最初概念可归因于基于次序的组合优化的领域[11],其中在多维实数空间中,人们利用随机向量对离散解进行编码。具体地,从连续范围[0,1]内抽样得到的每一个随机数,这是解码某个序列的一个排序键。最近,除了天然地涵盖连续问题之外,随机键还应用于许多离散领域[9]。由于这个原因,人们认为它是一种可行的选项,能够将多问题环境中各种特征集合聚拢在一起。

除了表征上的多功能性,统一空间的构造还涉及维度方面的详细规定。在这方面，假设在多问题环境中由优化任务 $T_1, T_2, \cdots, T_K$ 所构成的搜索空间的维度，分别为 $d_1, d_2, \cdots, d_K$。相应地，我们定义统一空间 X 的维度为 $d_{unified} = \max\{d_1, d_2, \cdots, d_K\}$[10]。因此，假设采用随机键编码，连续的统一空间的完整区域就变成 $[0,1]^{d_{unified}}$。

下面，我们简要地总结上述可供选择的统一过程的主要特征。

(1) 在覆盖大量优化任务方面，随机键统一过程具备明显的灵活性。在文献[12]中，我们已经意识到这种方法在基于次序的组合优化问题上的效果。而且，它以一种直接的方式对连续搜索进行编码。例如，考虑一个任意的有界变量约束的连续优化任务 T_k，在原始搜索空间 X_k 内，第 i 个变量 x_i 被限定在 l_i (下界) 和 u_i (上界) 之间。那么，通过线性变换 $\psi_{k,i}(x_i) = (x_i - l_i)/(u_i - l_i)$，该变量被映射到了统一空间内，从而确保了 $\psi_{k,i} : x_i \to [0,1]$。对于所有的 $i \in \{1, 2, \cdots, d_k\}$，重复该过程，整个解向量"$x$"就能够在空间 X 中被唯一地编码。其中，d_k 表示任务 T_k 的维度。相反，通过每一个变量的逆映射 $\psi_{k,i}^{-1}$，任何一个解都能够从空间 X 解码到空间 X_k 中。

我们发现，随机键还支持整数规划，其中包括第 2 章中遇到的二进制整数变量的类型。在这种情形下，如果给定一个恒等函数，也就是 $\psi_{k,i}(x_i) = x_i$，那么从离散空间到连续统一空间的编码就非常便捷了。与此同时，我们能够设想出许多另外的解码方法。其中，最简单的一种方法为：

$$\psi_{k,i}^{-1} = \begin{cases} 0, & x < 0.5 \\ 1, & x \geq 0.5 \end{cases} \quad (4.5)$$

(2) 我们所建议的确定统一空间维度的方法，能够确保在多问题环境下，所有构成任务都具备足够的可用自由度。例如，假设任意一个任务 T_k 及其维度 $d_k \leq d_{unified}$，从空间 X 的特征集合中都能够选择 d_k 个变量构成的子集。这些变量能够用于编码或解码一个候选解，该候选解对应于任务 T_k。

(3) 从整体上看，随机键统一方案是一种计算上快速的域泛化过程，而且该过程不需要任何的自身学习。紧随其后，我们能够在统一空间内执行模因的数据驱动学习、迁移和自适应集成，以帮助在多种多样的模因自动机之间搭建富有成效的通信渠道。

4.2 模因的概率形式化

本节开始，我们假设已经定义好了一个空间统一过程，以便在多问题环境中协同各个任务的特征集合。因此,一个候选解"x"代表了在统一搜索空间 X 内编码的一个点,由此它能够被解码至空间 $X_1, X_2, \cdots, X_K$ 内的某个具体任务的候选解。

注意,本书的核心论题是进化算法。其最终目标是驱动由不断进化的个体(候选解)所构成的完整种群,朝着搜索空间中具有最高适应度值的那些区域移动。这样的话,表征一个种群的简洁方式,并非是罗列出每个个体,而是对种群所蕴含的分布进行建模,该分布能够描述该种群。有鉴于此,可以首先站在统一空间中搜索分布的角度,回顾任意的优化任务 T_k。假设目标是使得整个种群的平均性能最大化,那么优化问题的数学表述能够被重新定义为

$$T_k: \underset{p_k(x)}{\text{maximine}} \int f_k(\psi_k^{-1}(x), y_k) \cdot p_k(x) \cdot dx \tag{4.6}$$

式中:ψ_k^{-1} 代表一个解向量从空间 X 到 X_k 的解码(逆映射)过程;$p_k(x)$ 代表在统一搜索空间内种群的隐含概率分布。

当进化搜索开始的时候,任务 T_k 的已知约束条件集合能够推导出空间 X 上的先验分布 $p_k^0(x)$。根据该分布,算法通过抽样得到了初始种群。特别地,在黑箱优化环境的实例中,上述先验分布通常满足:

$$p_k^0(x) > 0, \forall x \in X_a \tag{4.7}$$

式中:$X_a \subseteq X$ 是任务 T_k 的所有可接受解的集合。

这意味着,至少在最开始的时候,搜索算法为可接受解集合的所有元素都分配了一个正的抽样概率。在这个方面,算法通常使用均匀先验分布。

随着搜索过程逐步向着优化运算的顶点不断前进,如基本进化算法已付出了 t_{budget} 代的计算资源,那么该进化种群的收敛分布 $p_k^{t_{\text{budget}}}(x)$ 有望实现[13]:

$$\int f_k(\psi_k^{-1}(x), y_k) \cdot p_k^{t_{\text{budget}}}(x) \cdot dx \geq f_k^* - \varepsilon_k \tag{4.8}$$

式中:星号($*$)表示任务 T_k 的全局最优目标函数值;强加进来的 ε_k 是一个足够小的、但严格正的收敛阈值,设置该阈值为 0,有可能导致禁止性情形:不包含任何信息(即零信息熵)的退化分布。

我们强调指出,这种能够描述进化种群隐含分布的概率模型,是一种关于知识模因的高层次抽象解释,它也是我们所期望的。可以观察到,尽管一个模因能够产生于任意的计算表征,但是,它们对于模因计算领域的最终影响就在于推演出各种类型的搜索偏好。因此,该抽象概率解释是模因的一种简洁描述,原则上讲,它允许我们接受任何偏好的模型类型。详细地说,从任务 T_k 中获取的模因 m_k,对于有偏好地搜索统一空间 X 内对任务 T_k 有利的某些区域是有影响力的。

这里首先采用 $m_k \to p_k^{t_{\text{budget}}}(\boldsymbol{x})$ 来表示这种关系;然后将习得的模因从一项任务迁移至另一项任务,并利用这些模因来影响目标任务的搜索行为,这在某种程度上模拟了在社会网络中模因传播的功效。

注意,在式(4.7)中设置了先验分布,即 $p_k^0(\boldsymbol{x}) \leftarrow m_k$。借助抽样有偏的先验分布的方式,能够立即获得对应于任务 T_k 的高质量候选解。这就暗示着,在相似问题周期性反复出现的场景中——在许多工业环境中事实的确如此——通过简单地重复利用来自于知识库 $M = \{m_1, m_2, \cdots\}$ 的模因,我们能够以更高的效率发现近似最优解。其中,知识库通过相互作用或者经验不断得到累积。而且,每次遇到一项新任务,知识库就会得到扩充,即

$$M \leftarrow M \cup m_k \tag{4.9}$$

▲ 4.2.1 大规模、多样化的知识库的作用

这里,知识模因视为能够推导出搜索偏好的各种习得的概率模型。相对于将其作为人工指定的局部搜索启发式方法这种传统实现而言,知识模因的这种解释是独一无二的。然而,这种新的形式化再一次诱导我们进入了一个必须处理多模因的相似困境。具体地,给定知识库 M,当遇到一项新的优化任务时,算法就存在下述需求:自适应地选择和集成那些包含在 M 中的模因。如果某个模因中强加了一些不合适的搜索偏好,应用这个模因就有可能导致有害的搜索行为(负迁移)。而且,随着经验的增长,知识库 M 也会持续扩充。基于这一事实,模因同化的挑战变得更加严重。为了以一种有理有据的方式解决该问题,我们重新回顾第 3 章所引入的复合体模型的思想。在当前的环境下,复合体模型的显著特征就是,解决搜索分布的概率模型的集成问题,而不是代理回归模型的组合问题。

随后的理论分析揭示了,尽管表面上算法面临着有效模因集成方面的挑战,但事实上,获取大规模、多样化的知识库具有显著的优势。确切地讲,一个理想模因自动机的求解能力一定随着知识库 M 呈现单调增长。

衡量一个模因自动机求解能力的常规方法是,计算其在利用可支配知识重新求解当前问题的有效性。如果考虑一项新的(目标)优化任务 T_k,基本进化优化算法的目标就是收敛至一个候选解种群,其分布与 $p_k^{t_{\text{budget}}}(\boldsymbol{x})$ 相类似,参考式(4.8)。毋庸置疑,$p_k^{t_{\text{budget}}}(\boldsymbol{x})$ 是一个未知的先验分布。然而,模因自动机借助一个多样化的知识库 M 的帮助,能够通过混合建模的策略来调动所有可行的模因,并尝试更加有效地推断出目标分布。混合建模的策略与第 3 章介绍的思想相类似,即

$$p_K^{t_{budget}}(\pmb{x}) \approx \sum_{k \neq K} w_k \cdot m_k = \sum_{k \neq K} w_k \cdot p_k^{t_{budget}}(\pmb{x}) \tag{4.10}$$

注意，混合权重必须是非负数，并构成单位分解。在式(4.10)中，我们使用了约等于号($\approx$)，而不是等于号(=)。这是因为，只利用可用的知识库，算法或许不能精确地重构左边的目标分布。然而，有可能存在着一个隐藏的权重向量 $\pmb{w}^* = [w_1^*, w_2^*, \cdots]$；此时，$\sum_{k \neq K} w_k^* \cdot p_k^{t_{budget}}(\pmb{x})$ 和 $p_K^{t_{budget}}(\pmb{x})$ 之间的"差距"足够小(尽管非零)。在这种假设下，如果在优化任务 T_K 的过程中，模因自动机能够习得 $\pmb{w}^*$ 的一个合理估计的话，那么这将自动地导致可用模因的自适应集成。最终，从习得的复合体中抽样候选解，我们能够实现知识迁移。

更重要的，为了逐步学习相关的复合系数，算法必须首先定量化上述两个分布之间的差距。为了这个目的，Kullback-Leibler 散度 D_{KL} 是一种经常使用的度量，具有令人满意的凸属性[14]。详细来说，D_{KL} 借助当利用分布 q 来近似分布 p 时所丢失的信息数量来定量化该差距：

$$D_{KL}(p \parallel q) = \int p(\pmb{x}) \cdot [\lg p(\pmb{x}) - \lg q(\pmb{x})] \cdot \mathrm{d}\pmb{x} \tag{4.11}$$

此时，向量 $\pmb{w}^*$ 使得 $\sum_{k \neq K} w_k \cdot p_k^{t_{budget}}(\pmb{x})$ 和 $p_K^{t_{budget}}(\pmb{x})$ 之间的差距最小化，它是下面数学规划问题的最优解：

$$\min_{\pmb{w}} D_{KL}(p \parallel q(\pmb{w})) \tag{4.12}$$

式中：$p = p_K^{t_{budget}}(x)$；且 $q(\pmb{w}) = \sum_{k \neq K} w_k \cdot p_k^{t_{budget}}(x)$。

式(4.12)展示出一副关于自适应模因自动机的核心学习模块的蓝图，它能够以一种理论上切实可行的方式集成各种各样的模因。尽管我们事先并不能获知目标分布 $p_K^{t_{budget}}$，但是秉持分布算法估计的思想(一类基于随机模型的进化算法，该算法能够从优化运行过程中所产生的数据中不断学习[16])，我们通过迭代的模型分层[15]技术来估计 $p_K^{t_{budget}}$，就能够获得式(4.12)。给定这种模因自动机的算法实现，正如第 5 章和第 6 章中将要详细介绍的那样，习得的复合系数能够被解释为这种模因与感兴趣的目标任务之间的一种相关性度量。特别地，w_k 的大小决定了来自于任务 T_k 的模因对于搜索任务 T_K 的影响程度。

扩展式(4.12)，考察一个增补向量 $\overline{\pmb{w}} = [\pmb{w}, w_{add}]$。其中，$w_{add}$ 是复合系数，对应于一个从某项任务 T_{add} 中抽取出来的额外模因 $m_{add} \to p_{add}^{t_{budget}}(\pmb{x})$。进一步地，假设 T_{add} 是与众不同的，从这个方面来说，m_{add} 并不表现为知识库 M 中现有模因的某种组合，即

$$p_{\text{add}}^{t_{\text{budget}}}(\boldsymbol{x}) \neq \sum_{k=1}^{|M|} w_k \cdot p_k^{t_{\text{budget}}}(\boldsymbol{x}) \tag{4.13}$$

相应地，我们得到：

$$D_{\text{KL}}(p \parallel q(\boldsymbol{w}^*)) = \min_{\boldsymbol{w}} D_{\text{KL}}(p \parallel q([\boldsymbol{w}, w_{\text{add}} = 0])) \geq \min_{\overline{\boldsymbol{w}}} D_{\text{KL}}(p \parallel q(\overline{\boldsymbol{w}})) \tag{4.14}$$

简而言之，式(4.14)能够确保额外的问题求解经验持续不断地增强混合模型的能力，而且该模型能够任意接近地靠近任何所期望的目标分布。从中得到的关键信息是，随着知识库的不断扩张，解决新任务所需要的信息事实上已经被包含在知识库 M 中，这种可能性越来越大。因此，对于一个理想的模因自动机而言，模因的自适应集成能够立即推导出定制化的搜索行为，这是完全可能的。这说明自动地从 M 中提取出有价值的知识，并过滤掉负迁移的威胁是可实现的。

4.3 多问题环境的分类

在多问题环境中，K 个优化问题可以是时间上分散开的。因此，对于从经验中习得的模因自动机而言，任务的时间分布决定了正在机器网络中传播的模因的传播方向。在下面的章节中，基于每一个连续任务的到达时间和结束时间，我们将多问题环境划分为两个类别。在任何一种情况中，我们都从概率建模的视角，提出基本问题表述的数学表达式。当前，我们暂时搁置解决这些问题的算法细节，这是因为这些内容构成了本书后续章节的关键问题。

(1) 问题间的时序知识迁移

在该类别中，假设当处理任务 T_K 时，知识库 M 包括了从已解决的过往任务中获取的模因。因此，如果我们把 T_K 作为目标任务，$\{T_1, T_2, \cdots, T_{K-1}\}$ 作为已遇到的源任务的集合，那么模因流动(大部分)是以单向方式存在的，即从源任务流动到目标任务(即从过往到现在)。尽管的确存在这种可能性，因此从任务 T_K 中抽取出的知识能够改善从过往中所习得的模因。但是，人们认为这种可能性是无关紧要的。有鉴于此，在混合模型的语境下，任务 T_K 的数学表达可改写为

$$\underset{\{w_1, \cdots, w_{K-1}, w_K, p_K(\boldsymbol{x})\}}{\text{maximize}} \int f_K(\psi_K^{-1}(\boldsymbol{x}), \boldsymbol{y}_K) \left[\sum_{k=1}^{K-1} w_k \cdot p_k^{t_{\text{budget}}}(\boldsymbol{x}) + w_K \cdot p_K(\boldsymbol{x}) \right] \cdot \text{d}\boldsymbol{x}$$

$$\text{s.t.} \sum_{k=1}^{K} w_k = 1; w_k \geq 0 \text{。} \tag{4.15}$$

式(4.15)中，为了解释方便，我们忽略了约束函数的影响。注意，式(4.15)在混

合模型中包含了一个额外元素 $p_K(\boldsymbol{x})$，它没有来自于任何源任务。事实上，$p_K(\boldsymbol{x})$ 就是其自身的优化（除了复合系数之外）。引入该元素的基本原理就是，确保混合模型的充分灵活性。当可用的知识库 $M = \{p_1^{t_{\text{budget}}}(\boldsymbol{x}), p_2^{t_{\text{budget}}}(\boldsymbol{x}), \cdots, p_{K-1}^{t_{\text{budget}}}(\boldsymbol{x})\}$ 并不能充分表达时，该模型使得我们能够重新构造预期的（未知的先验）分布 $p_K^{t_{\text{budget}}}(\boldsymbol{x})$。

（2）问题间的多任务知识迁移

在模因的时序迁移中，我们在一个时刻只关注一项目标任务的优化问题。与此不同，在多任务场景下需要满足同时发生的具有相同优先次序的多项任务[8]。因此，在这种状况下，或许我们不能等待一项任务执行完毕，再试图构造知识模因以供下面的任务使用。相反地，随着已经得到部分进化的搜索分布的随机模型，所有的优化实例不断前进，这些搜索分布在动态知识库 $M(t)$ 中被持续地共享。其中，$t(t < t_{\text{budget}})$ 是基本进化算法在终止之前的代数。

需要强调的是，时序迁移和多任务迁移之间的主要区别之一就是：前者以模因从过往到现在的单向传播为特征；后者却促进了全向迁移，以便在多个优化问题之间开展更加协同的搜索过程。

有鉴于此，$T_1, T_2, \cdots, T_K$ 所构成的多任务优化问题的数学表达式，可以写为

$$\underset{\{w_{jk}, p_j(\boldsymbol{x}) \, \forall j,k\}}{\text{maximize}} \sum_{k=1}^{K} \int f_k(\psi_k^{-1}(\boldsymbol{x}), \boldsymbol{y}_k) \left[\sum_{j=1}^{K} w_{jk} \cdot p_j(\boldsymbol{x}) \right] \mathrm{d}\boldsymbol{x}$$

$$\text{s.t.} \sum_{j=1}^{K} w_{jk} = 1; w_{jk} \geq 0 \tag{4.16}$$

式（4.16）中，复合系数 w_{jk} 表示来自于任务 T_j 的第 j 个中间（已经得到部分进化的）模型或模因 $p_j(\boldsymbol{x})$ 对于任务 T_k 的作用，这表明求解式（4.16）至近似最优值，就能够提供这些构成任务的收敛分布。

参考文献

[1] Chen, X., Ong, Y. S., Lim, M. H., & Tan, K. C. (2011). A multi‑facet survey on memetic computation. *IEEE Transactions on Evolutionary Computation*, 15(5), 591–607.

[2] Zeng, Y., Chen, X., Ong, Y. S., Tang, J., & Xiang, Y. (2017). Structured memetic automation for online human‑like social behavior learning. *IEEE Transactions on Evolutionary Computation*, 21(1), 102–115.

[3] Hou, Y., Ong, Y. S., Feng, L., & Zurada, J. M. (2017). An evolutionary transfer reinforcement

learning framework for multiagent systems. *IEEE Transactions on Evolutionary Computation*, 21(4), 601–615.

[4] Pan, S. J., & Yang, Q. (2010). A survey on transfer learning. *IEEE Transactions on Knowledge and Data Engineering*, 22(10), 1345–1359.

[5] Min, A. T. W., Sagarna, R., Gupta, A., Ong, Y. S., & Goh, C. K. (2017). Knowledge transfer through machine learning in aircraft design. *IEEE Computational Intelligence Magazine*, 12(4), 48–60.

[6] Ong, Y. S., Nair, P. B., & Keane, A. J. (2003). Evolutionary optimization of computationally expensive problems via surrogate modeling. *AIAA Journal*, 41(4), 687–696.

[7] Feng, L., Ong, Y. S., Lim, M. H., & Tsang, I. W. (2015). Memetic search with interdomain learning: A realization between CVRP and CARP. *IEEE Transactions on Evolutionary Computation*, 19(5), 644–658.

[8] Gupta, A., Ong, Y. S., & Feng, L. (2016). Multifactorial evolution: toward evolutionary multitasking. *IEEE Transactions on Evolutionary Computation*, 20(3), 343–357.

[9] Ong, Y. S., & Gupta, A. (2016). Evolutionary multitasking: a computer science view of cognitive multitasking. *Cognitive Computation*, 8(2), 125–142.

[10] Gupta, A., Ong, Y. S., Feng, L., & Tan, K. C. (2017). Multiobjective multifactorial optimization in evolutionary multitasking. *IEEE Transactions on Cybernetics*, 47(7), 1652–1665.

[11] Bean, J. C. (1994). Genetic algorithms and random keys for sequencing and optimization. *ORSA Journal on Computing*, 6(2), 154–160.

[12] Gonçalves, J. F., & Resende, M. G. (2011). Biased random–key genetic algorithms for combinatorial optimization. *Journal of Heuristics*, 17(5), 487–525.

[13] Gupta, A., Ong, Y. S., & Feng, L. (2018). Insights on transfer optimization: because experience is the best teacher. *IEEE Transactions on Emerging Topics in Computational Intelligence*, 2(1), 51–64.

[14] Joyce, J. M. (2011). Kullback–leibler divergence. In *International encyclopedia of statistical science* (pp. 720–722). Berlin Heidelberg: Springer.

[15] Smyth, P., & Wolpert, D. (1998). Stacked density estimation. In *Advances in neural information processing systems* (pp. 668–674).

[16] Larrañaga, P., & Lozano, J. A. (Eds.). (2001). *Estimation of distribution algorithms: A new tool for evolutionary computation* (Vol. 2). Springer Science & Business Media.

第 5 章
问题间的时序知识迁移

本章基于第 4 章的基础知识,在自适应模因自动机的场景下,介绍一种理论上切实可行的优化算法。本章极大程度上保留了模因的抽象解释,将其视为计算上已编码的知识的概率积木块。算法能够从某个任务中学习到这些知识,并同时传递给其他任务,以便重复利用。更重要的,我们假设模因自动机所面临的所有任务是依照时序先后被提出的。这样一来,模因迁移是以从过去到现在的单向形式而存在的。在这方面面临的一个主要挑战是,给定一个随着时间推移而不断积累的大量模因所构成的模因池,为了诱导一个搜索偏好,必须执行一种合理的源模因的选择和集成操作,这种搜索偏好适合于我们感兴趣的接下来的那项目标任务。为了达到此目的,提出了一种混合建模方法,能够自适应地在线集成所有可用的知识模因。这些知识模因完全受到搜索过程中产生的数据的驱动,我们的方案特别适合于黑箱优化问题。这是因为,这些特定任务的数据集并不适合离线评估。本章的结束语展示了在线混合建模的基本思想如何扩展至高计算代价的问题。

5.1 概 述

为了简要地概述我们正在考虑的问题表述,想象由 K 项优化任务构成的一个序列,构成一个多任务环境。这些任务表示为 $T_1, T_2, \cdots, T_K$,并分别具有搜索空间 $X_1, X_2, \cdots, X_K$。此外,考虑此处存在着一个统一搜索空间 X,它包括了所有任务的搜索空间,且有利于习得模因的任务间迁移(见第 4 章)。

当处理目标任务 T_K 时,假设 $T_1, T_2, \cdots, T_{K-1}$ 是之前已遇到的多项源任务,而且算法能够重新利用习得的模因 $p_1^{t_{\text{budget}}}(\boldsymbol{x}), p_2^{t_{\text{budget}}}(\boldsymbol{x}), \cdots, p_{K-1}^{t_{\text{budget}}}(\boldsymbol{x})$。此处，$t_{\text{budget}}$ 表示分配给一个基本进化算法的计算资源。因此，一旦进化算法求解任务在 T_k 时终止，模因 $p_k^{t_{\text{budget}}}(\boldsymbol{x})$ 就能够捕获到已进化种群（映射到空间 X 中）的潜在分布。模因计算范式的关键就在于充分利用所有可行的模因，来自动地推演出搜索方向，以便加快目标任务的优化过程。相应地，从搜索分布（定义为源任务和目标任务的混合概率模型）的观点来看，目标任务的数学表达式为

$$\underset{\{w_1,\cdots,w_{K-1},w_K,p_K(\boldsymbol{x})\}}{\text{maximize}} \int f_K(\psi_K^{-1}(\boldsymbol{x}),\boldsymbol{y}_K)\Big[\sum_{k=1}^{K-1} w_k \cdot p_k^{t_{\text{budget}}}(\boldsymbol{x}) + w_K \cdot p_K(\boldsymbol{x})\Big]\mathrm{d}\boldsymbol{x}$$

$$\text{s. t.} \sum_{k=1}^{K} w_k = 1; w_k \geqslant 0 \tag{5.1}$$

其中，f_K 为任务 T_k 的目标函数（适应度度量）；ψ_K^{-1} 为从空间 X 到空间 X_K 的逆映射，即候选解向量的解码过程；$\boldsymbol{y}_K$ 为任意变量向量（见第 4 章）；$w_1, w_2, \cdots, w_K$ 为复合系数（权重），它们明确说明了每一个模因影响目标任务搜索过程的程度。

注意，为简单起见，式 (5.1) 忽略了约束函数。

上述场景的一种高层次描述，如图 5.1 所示。为简单起见，整个过程的目标是，充分利用可供支配的知识库，来改善模因自动机求解任务 T_K 的优化效率。需要重申的是，习得的大量模因构成了知识库，通过问题求解的过往经验以及与其他模因自动机的交互，模因池会随着时间逐步累积。

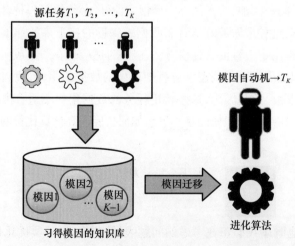

图 5.1　目标任务的高层次描述（在时序知识迁移中，假设当求解一项新（目标）优化任务时，算法能够从知识库中推演出有价值的搜索偏好，其中，该知识库包括了之前已经被解决的所有任务（标记为源任务），因此大部分的模因迁移视为从过去到现在的单向流动。）

如前所述，对于本章的大部分内容而言，模因被视为搜索分布的一种模型形式。一般认为，模因计算范式在模因的计算表征方面并未设置任何约束。但是，可以发现，抽象的概率解释提供了一种简洁描述，(原则上)允许我们在实践中采用不同类别的模型。为了证实这一论断，在 5.2 节中将首先回顾时序知识迁移的相关工作，这些工作出现在计算智能(自然启发式计算)的文献中。本章的调查研究揭示出，尽管在优化领域内，人们只提出了少量的模因(基于模型的)知识迁移方案，但是大多数方案都主张将模因的概念视为能够推演出某些搜索偏好的实体。从本质上，这些方案都完全认可概率模因的作用。

基于上述假设，在 5.3 节中将提出一种借助多个概率模型的最优在线堆栈[1]，来实现模因选择和集成的新方法。这些模型完全受到在求解目标任务的过程中所产生的大量数据的驱动。特别地，堆栈混合模型能够与任何基于随机种群的搜索算法(如进化算法)相结合，并赋予该算法自适应知识迁移能力。该方案的显著特征是，它允许从各种源任务中抽取获得的知识模因，以一种理论上合理可行的方式迁移至目标任务。因此，由此产生的优化算法具备渐进全局收敛的属性(见 5.4 节的算法实例)。5.5 节展示了一个优化算法求解问题的效率。该优化算法应用于一个简单实例，以及机器人控制器设计的真实案例研究。

5.6 节简要描述了模因的另外一种计算表征，称为回归模型。该模型应用于如第 3 章所述的高代价问题的代理辅助优化领域。第 3 章解决了来自于相同任务的多模因(多个回归模型)情形。此处，考虑了另外一个实例，即这些源模型来自于求解不同优化任务的过往经验。因此，我们面对着一个崭新的场景，其特征是存在着多问题代理。在这种场景下，我们描述了回归模型的在线混合过程[2-3]。该过程能够自动地使自身适应于每一个源模型的相关性，同时尝试估计高代价目标函数。通过在工程设计领域的一个数值实例，我们展示了该方法的整体有效性。

5.2 相关工作的回顾

尽管进化算法在推动进化机制和模因(基于模型的)迁移策略之间相互作用方面表现出显著的灵活性，但是令人惊讶地是在过去这些年，人们只提出了少量的相关方法。尽管如此，在模因计算领域，已存在的这些研究成果具有一个有趣的共同点，即人们理解模因的方式。具体地，人们普遍认为模因能够采取任意的计算形式来捕捉到已优化候选解的循环模式。下面，我们应用这些模式来指导将来问题求解过程中的搜索过程。

在文献[4]中,针对基于图的聚类和排序问题,如经典的车辆路径问题,一个模因 m 表征为一个半正定矩阵,它能够推导出一个修正距离度量。具体地,给定图中的一个节点对 n_a(笛卡儿坐标为 s_a)和 n_b(笛卡儿坐标为 s_b),那么习得的模因能够度量它们之间的距离,即

$$\text{dist}(n_a, n_b) = \sqrt{(s_a - s_b)^T m (s_a - s_b)} \tag{5.2}$$

这样就使得(在最优解中)属于相同聚类的那些节点彼此之间更加接近,来自于不同聚类的节点被相互分割开来。当面对一个新任务 T_k 时,可用模因的集合 $\{m_1, m_2, \cdots, m_{K-1}\}$ 就被应用于任务 T_k 的节点,即

$$s' = l^T s, ll^T = \sum_{k=1}^{K-1} w_k \cdot m_k \tag{5.3}$$

式中:s' 为变换后的节点坐标。

人们期望,通过将节点映射至变换后空间,一种自然的近似最优的聚类能够被直接重新应用于目标任务。因此,算法将重新取回的候选解注入基本进化算法种群内,就能够正确地引导任务 T_k 上的搜索行为。需要特别指出,在文献[5-6]中,如式(5.2)所示,模因的作用被进一步推广至解释说明时序信息。此外,在文献[7]中,作者提出了一种基于人工神经网络的二元分类算法,作为模因的另外一种计算表征。与修正距离度量相类似,人工神经网络分类算法能够从大量最优候选解中识别出属于相同(或不同)聚类的那些节点对。

尽管上述引用的方法适用于特定的离散域,但是基于模型的知识迁移方法仍然在连续优化领域取得可喜结果,并被记录下来。例如,在文献[8]中,模因利用决策树的形式来学习高度约束优化问题的可行结构。随后,算法利用获取的模因来指导基本进化算法的初始种群,使得所有的候选解都产生于统一搜索空间的预测可行区域内。最终,算法在相关的将来任务上显著地加快了进化搜索速度。

最近,人们已经利用表征为去噪自编码器的模因,来学习不同优化任务的相应种群之间的映射[9]。详细来说,在基本进化算法的第 t 代,如果目标任务 T_K 的种群数据集(写为矩阵形式)为 $X^t_{\text{pop}, K}$,之前已解决的源任务 T_k 为 $X^t_{\text{pop}, k}$,那么习得的模因 m_k 可表示为

$$\min \| m_k \cdot X^t_{\text{pop}, k} - X^t_{\text{pop}, K} \| \tag{5.4}$$

换句话说,人们将源任务的数据集视为目标任务数据集的一个已损毁版本,同时将去噪自编码器 m_k 视为两者之间的一座桥梁。在式(5.4)中,$\| \cdot \|$ 表示 Frobenius 范数。当学习到一个最优模因 m_k^* 的时候,算法能够将第 k 个源任务

的已存储的最优候选解 x_k^* 迁移为 $m_k^* \cdot x_k^*$。接下来,作为指导搜索的一种途径,算法能够将迁移之后的解作为一个候选解,注入目标任务的种群之中。

此处所回顾的方法揭示了利用各种计算表征来表达模因的可能性,因此为了获得模因的一种简洁描述,有必要探索模因的一种整体上的定量表述,该表述是一种能够包含各种模型的有效抽象。为了这个目标,可以注意到,在实践中利用模因的最终目标通常是基于从相关源任务中学习到的知识,来指导种群在一些目标任务上的搜索过程。换句话说,本质上它的作用与概率模型的作用是一致的。通过直接修改潜在分布,这些概率模型能够被用于指导搜索过程。依据这些潜在分布,算法能够抽样大量候选解。有鉴于此,在下面的大部分内容中(除 5.5 节之外),我们继续坚持这一主张,将模因的抽象解释视为知识的概率积木块。

5.3 通过混合建模实现模因集成

在跨问题的时序知识迁移的情形中,其基本条件是:当处理任务 T_K 时,多个模因(概率模型)的集合 $\{p_1^{t_{\text{budget}}}(\boldsymbol{x}), p_2^{t_{\text{budget}}}(\boldsymbol{x}), \cdots, p_{K-1}^{t_{\text{budget}}}(\boldsymbol{x})\}$ 是从过往求解源任务 T_1, $T_2, \cdots, T_{K-1}$ 中抽取得到的,这些模因在知识库中随时能够获得。进一步地,假设已经定义了一个域通用化过程,也就是将每一项任务映射到一个共同的统一搜索空间 X。这样的话,在那个搜索空间中能够构造所有的节点。需要强调的是,我们没有针对概率模型的类型设置任何约束条件,概率模型可以是一个简单的单变量边缘分布[10],也可以是一个复杂的贝叶斯网络[11]、有限混合模型[12],或者深度混合模型[13]。注意,即便某些源任务模型本身就是一个混合模型,当按照我们当前感兴趣的目标任务来组合模因的时候,该模型仍然被视为一个构成要素。

尽管在模因计算领域,能够任意选择概率模型是一件非常棒的事情,但大量的训练成本以及记忆成本通常与所选取的日益复杂的模型存在着关联。例如:一方面,构造一个简单的单变量边缘分布的复杂度为 $O(n_{\text{pop}} \cdot d)$,其中,$n_{\text{pop}}$ 表示种群中个体数量,d 表示搜索维度;另一方面,传统地构造一个多变量分布的协方差矩阵的复杂度为 $O(n_{\text{pop}} \cdot d^2)$。在此有必要重申,尽管构造模型会增加成本,但是,充分利用更加富有表现力的模型,算法在优化有效性方面确实获得了显著优势。通过下面的收敛理论(定理 5.1),人们能够证实上述论断背后的原理。该收敛理论适用于一类基于概率模型的优化算法。这种算法是进化算法的一种变种,没有交叉操作,通过反复地构造和抽样概率模型来不间断地推动搜索过程[14-15]。对于不太熟悉上述进化算法的基本机理的读者,我们推荐阅读附录

A.1以获得一个简要概述。

定理5.1 考虑一项连续优化任务 T_K,其目标函数为 f_K。此外,依据先验分布 $p_K^0(x)$ 来抽样初始候选解,假设该先验分布在空间 X 的任意位置都是正的、连续的,而且 $n_{\text{pop}} \to \infty$。基于这些假设,在基于概率模型的进化算法的第 t 代,如果习得的模型 $p_K^t(x)$ 与潜在的父代分布相一致,那么搜索过程将渐进地收敛于分布 $p_K^\infty(x)$。其中,算法根据模型 $p_K^t(x)$ 对子代个体进行抽样,分布 $p_K^\infty(x)$ 对应于任务 T_K 的全局最优解 f_K^*。换句话说,该方法确保下式成立:

$$\lim_{t \to \infty} \int f_K(\psi_K^{-1}(x), y_K) \cdot p_K^t(x) \cdot dx = f_K^* \quad (5.5)$$

证明:证明请读者参见文献[14]。

人们从这个定理中发现的重要信息是,在构造概率模型方面投入额外的计算资源,算法的确能够获得显著的利益。这些概率模型具有足够的表征能力,能够尽可能接近地估计出抽样点的真实潜在分布。此外,该观察结果被视为此处所提出的模因混合建模背后的主要动机,它确保了所获得的模因自动机的全局收敛属性。下面的章节将详细解释该方法的细节。

▲ 5.3.1 学习最优模型回归

考虑在空间 X 上的一个种群数据集 $X_{\text{pop},K}^t : \{x_1, x_2, \cdots, x_{\text{pop}}\}$,它对应于目标任务 T_K 以及基本进化算法的第 t 代。我们提出了一个流程来堆栈所有可获得的(源任务和目标任务的)概率模型,以便最小化习得的混合模型与抽样点的真正底层分布 $p_{K,\text{true}}^t(x)$ 之间的距离。多个模型的堆栈可以正式地表述为

$$p_K^t x = \sum_{k=1}^{K-1} w_k \cdot p_k^{t_{\text{budget}}}(x) + w_K \cdot p_K^{t'}(x) \quad (5.6)$$

其中,$p_K^t(x)$ 为抽样分布的最终近似逼近。

注意,式(5.6)等号右边的 $p_K^{t'}(x)$ 项表示过渡目标模型,该模型可专门地包括到混合模型中,用于补偿那些源任务不足以捕获到 $p_{K,\text{true}}^t(x)$ 的情形。相应地,最小化 $p_K^t(x)$ 与 $p_{K,\text{true}}^t(x)$ 之间距离的目标,归纳为寻找复合系数的一种最佳结构。

式(5.6)指明了一件重要事项,如果算法利用一个具有高度表征力的概率模型来将 $p_K^{t'}(x)$ 拟合为 $X_{\text{pop},K}^t$,那么或许能够假设已获得了 $p_K^{t'}(x) \approx p_{K,\text{true}}^t(x)$。有趣地,这个输出结果将导致任务间知识迁移的消亡。这是因为,最小化 $p_K^t(x)$ 与 $p_{K,\text{true}}^t(x)$ 之间的距离等价于在式(5.6)中对于任意 $k \neq K$ 设置了 $w_K = 1$ 且 $w_k = 0$。

需要指出的是,在任何实际的时间范围内,获得精确的密度估计通常是非常困难的

(即便并非是不可能的)。因此,混合模型的有效性就凸显出来了:允许多个简单的(更少代价的)过渡目标模型与可行的源任务模型相结合,以便快速地近似 $p^t_{K,\text{true}}(x)$。更重要的是,该混合模型使得以往从源任务中获得的知识,能够明确地以一种自适应方式迁移至目标任务上。

有鉴于此,需要重新把注意力放在寻找式(5.6)中复合系数的最佳结构上。现在通过考虑下述数学规划,来求解这个问题。数学规划的思想来源于使观测到的样本外数据($X^{\text{OS}_i}_{\text{pop},K} \subseteq X^t_{\text{pop},K}$)的对数概率最大化,即

$$\max_{\{w_1,w_2,\cdots,w_K\}} \sum_{\forall x_i \in X^{\text{OS}}_{\text{pop},K}} \log p^t_K(x_i) \tag{5.7}$$

5.3.2 节将分析式(5.7)的理论基础。至关重要地,通过强调样本外(之前未观察到的)数据点,算法就能够有效避免从一个过度拟合的目标模型(否则它可能会带来知识迁移消亡的风险)中学习混合分布。

求解式(5.7)所描述的优化问题,需要遵循的基本步骤,如下所述。

步骤1:本着标准交叉验证的精神,数据集 $X^t_{\text{pop},K}$ 被随机地分割为 F 段。第 i 段数据包括 $n^{\text{OS}_i}_{\text{pop}}(\sim n_{\text{pop}}/F)$ 个数据点,采用 $X^{\text{OS}_i}_{\text{pop},K}$ 表示这段样本数据之外的部分。相同数据段的样本内训练部分包括了 $(n_{\text{pop}} - n^{\text{OS}_i}_{\text{pop}})$ 个数据点,可表示为 $X^{\text{IS}_i}_{\text{pop},K}$。首先,对于每一个数据段,根据样本内数据集 $X^{\text{IS}_i}_{\text{pop},K}$ 构建一个目标任务的概率模型 $p^{t_i}_K(x)$。因此,利用可用的 $K-1$ 个源模型以及 $p^{t_i}_K(x)$,能够计算得到在 $X^{\text{OS}_i}_{\text{pop},K}$ 内的每个点的似然估计。对于第 i 个数据段,这些计算结果记录在一个规模为 $n^{\text{OS}_i}_{\text{pop}} \times K$ 的矩阵中。这样一来,对于所有数据段重复上述过程,将产生一个规模为 $n_{\text{pop}} \times K$ 的极大似然估计矩阵 L,该矩阵的 (j,k) 元素是第 k 个模型在第 j 个数据点上的样本外似然估计的度量值。注意,由于构建源模型在获得目标数据集之前,因此矩阵 L 的前面 $K-1$ 列的数值自然地被认为是样本外数据。因此,只有矩阵 L 的后面 K 列被保留下来,并利用目标概率模型来评估这些元素。其中,通过 F 段交叉验证过程获得该概率模型。

步骤2:利用矩阵 L,借助下面的数学规划能够学习到复合系数,该数学规划等价于式(5.7)所描述的数学规划,即

$$\max_{\{w_1,w_2,\cdots,w_K\}} \sum_{j=1}^{n_{\text{pop}}} \log\left(\sum_{k=1}^{K} w_k \cdot L_{(j,k)}\right) \tag{5.8}$$

采用传统的期望最大化(EM)算法[1],式中的对数似然函数就能够被容易地最大化。为简单起见,在此不再赘述这个众所周知的统计算法的一些细节。感兴趣的读者可以参见文献[16]获得直观描述。

步骤3:为了总结这个线性聚合过程,我们基于(没有任何分割的)完整数据

集 $X_{\text{pop},K}^t$，重新构建所谓的过渡目标模型 $p_K^t(\boldsymbol{x})$。因此，利用 $K-1$ 个源模型集合 $\{p_1^{t_{\text{budget}}}, p_2^{t_{\text{budget}}}, \cdots, p_{K-1}^{t_{\text{budget}}}\}$ 和 $p_K^t(\boldsymbol{x})$ 能够获得最终的混合模型，它们之间的组合依赖于在步骤 2 中借助 EM 算法所学习到的权重。

该学习算法所蕴含的理论合理性简单分析如下，从实践的角度来看，该过程的唯一瓶颈来自于步骤 1 中 F 段交叉验证的必要性。因此，在特定情形下，最优复合系数的学习就演变为一个计算需求的事件。然而，与之相对地，人们认为步骤 2 的 EM 算法能够相对快速地收敛。为了解决计算瓶颈问题，我们强调，交叉验证步骤的作用是，阻止混合分布受到一个过拟合的过渡目标模型的牵制。另一种在实践中运行良好的处理该问题的方法是，当给定一个已损毁版本 $X_{\text{pop},K}^{t_{\text{corr}}}$ 时，在数据集 $X_{\text{pop},K}^t$ 中增加少量的均匀抽样的噪声。然后，通过在 $X_{\text{pop},K}^{t_{\text{corr}}}$ 上构造该过渡目标模型，那么该模型与原始（未损毁的）数据集之间的过拟合情形将得到减少。因此，该方法提供了一种绕开交叉验证的途径。

5.3.2 理论分析

本节分析式(5.7)的有效性，能够使得种群数据集 $X_{\text{pop},K}^t$ 的概率混合模型与真实潜在分布之间的距离最小化。为分析简单起见，我们继续假设 $n_{\text{pop}} \to \infty$，尽管在实际中这个假设或许并不成立。但是，这是一个广泛使用的假设，有助于阐述本文方案的理论基础。具体地，我们试图证明，EM 算法能够成功发现预期分布距离的全局最小值。

引理 5.2 最大化 $\sum_{\forall x_i} \log p_K^t(x_i)$ 等价于最小化抽样 $X_{\text{pop},K}^t : \{x_1, x_2, \cdots, x_{\text{pop}}\}$ 的混合模型 $p_K^t(\boldsymbol{x})$ 与真实分布 $p_{K,\text{true}}^t(\boldsymbol{x})$ 之间的距离（采用 Kullback–Leibler 散度加以度量）。

证明：最大化 $\sum_{\forall x_i} \log p_K^t(x_i)$ 能够等价地表示为一个抽样均值项，即

$$\max_{\{w_1, w_2, \cdots, w_K\}} \frac{\sum_{x_i \in X_{\text{pop},K}^t} \log p_K^t(x_i)}{n_{\text{pop}}} \tag{5.9}$$

根据 Glivenko–Cantelli 定理[17]，当 $n_{\text{pop}} \to \infty$ 时，$X_{\text{pop},K}^t$ 的经验概率分布将收敛于 $p_{K,\text{true}}^t(\boldsymbol{x})$。因此，采用无意识统计学家法则(LOTUS)，式(5.9)被重写为

$$\max_{\{w_1, w_2, \cdots, w_K\}} \int p_{K,\text{true}}^t(\boldsymbol{x}) \cdot \log p_K^t(\boldsymbol{x}) \cdot d\boldsymbol{x} \tag{5.10}$$

由于 $p_{K,\text{true}}^t(\boldsymbol{x})$ 是固定的，可以将式(5.10)修改为

$$\min_{\{w_1,w_2,\cdots,w_K\}} \int p_{K,\text{true}}^t(\boldsymbol{x}) \cdot [\log p_{K,\text{true}}^t(\boldsymbol{x}) - \log p_K^t(x)] \cdot \mathrm{d}\boldsymbol{x} \qquad (5.11)$$

并简化为

$$\min_{\{w_1,w_2,\cdots,w_K\}} D_{\text{KL}}(p_{K,\text{true}}^t \parallel p_K^t) \qquad (5.12)$$

其中，D_{KL}用于表示 Kullback – Leibler 散度（见第4章）。

这是一种被广泛使用的度量两个分布之间距离的方法。依据吉布斯（Gibbs）不等式[18]，可以得到 $D_{\text{KL}} \geqslant 0$。

定理5.3 EM 算法收敛于分布距离的全局最小值。

证明：如文献[19]所述，EM 算法能够保证收敛于对数似然函数的稳态点。给定矩阵 $\boldsymbol{L}$，式(5.8)中的对数似然函数是关于复合系数 $w_1,w_2,\cdots,w_K$ 的凸的（向上）。因此，式(5.8)的稳态点也是全局最大值。此外，式(5.8)等价于式(5.7)。因此，基于引理5.2，EM 算法所发现的稳态点的确对应于分布距离的全局最小值。

顺便地，给定 EM 算法的收敛特征，人们也能够根据概率分布域内 Kullback – Leibler 散度 D_{KL} 的已知凸特征，获得这个结果。

引理5.4 概率模型的线性回归的方法能够确保，当源模型数量增加时，近似 $p_K^t(\boldsymbol{x})$ 与真实种群分布 $p_{K,\text{true}}^t(\boldsymbol{x})$ 的距离会单调递减。确切地，如果 $M = \{p_1^{t_{\text{budget}}}, p_2^{t_{\text{budget}}}, \cdots, p_{K-1}^{t_{\text{budget}}}\}$ 且 $M' \subseteq M$，那么 $D_{\text{KL}}(p_{K,\text{true}}^t(\boldsymbol{x}) \mid p_K^t(\boldsymbol{x}\mid M)) \leqslant D_{\text{KL}}(p_{K,\text{true}}^t(\boldsymbol{x}) \mid p_K^t(\boldsymbol{x}\mid M'))$。

证明：根据定理5.3所证实的 EM 算法的全局收敛性，自然地推导出这个结果。

引理5.4表明，伴随着过往经验池的规模（表示为 M 的规模）不断扩张，习得的混合模型与真实种群分布之间的距离能够任意小。该结果与第4章中相关结论是一致的，即模因自动机的问题求解能力单调递增。需要强调的是，一旦学习到了复合系数，如果某些 $w_k = 0$，那么算法就不会选取相应模型（即从第 k 个源任务抽取出的模因），来指导目标任务的搜索。相反地，如果 $w_k > 0$，那么相应的模因在影响搜索方面扮演重要角色，而且影响强度受到 w_k 大小的制约。

5.4　一种自适应模因迁移优化算法

5.3.2节的理论成果证实了本书提出的经验知识模因的选择和集成方法所蕴含的合理性。当与定理5.1联合审视的时候，显然按照基于概率模型的进化算法（见附录 A.1）的思想，这种混合模型的迭代学习和抽样方法使得搜索分布逐步地趋向于目标任务的全局最优解。为了这个目的,在另外的传统进化算法中,综合学习(模因)模块要么在每一代都执行,要么在固定间隔代数来执行。更一般地,我们提出了一种自适应模因迁移优化算法(AMTO),作为后面可能情形的一个算法实例。

为了将模因嵌入到其他传统进化算法中,我们引入了一个新参数,标记为迁移间隔 Δt。具体地讲,迁移间隔确定了发生迁移的频率。在这些时刻,模因模块开始将源任务的知识迁移至我们感兴趣的目标优化任务上。如果设置的 Δt 过小,反复地混合建模过程可能会无谓地增加 AMTO 的成本。另外,如果 Δt 过大,知识模因的迁移可能极少发生。此时,该算法的行为与不具备外部知识开发能力的简单进化算法的行为极为相似。在实际中,人们必须谨慎地选取参数 Δt,以便获得知识迁移开发能力和混合建模的相关计算成本(尽管微小)之间的良好平衡。

AMTO 的基本流程如图 5.2 所示,涉及的各个步骤的更详细描述,如算法 5.1 所述。我们坚持认为,作为在理论上理由充分的模因模块的一个推论,AMTO 算法展示了自适应模因自动机的独特特征。至少在原则上,它的问题求解能力应当与持续增长的经验和相关作用之间呈单调递增变化。

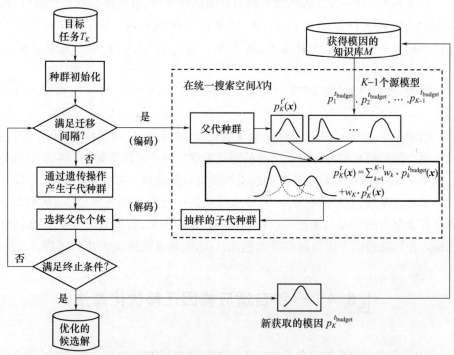

图 5.2 本章提出的 AMTO 算法的概念展示。其中,基本进化算法借助知识迁移(模因)模块获得增强

> **算法 5.1**：AMTO 算法应用于任务 T_K
>
> 1. 输入：$M = \{p_1^{t_\text{budget}}(\boldsymbol{x}), p_2^{t_\text{budget}}(\boldsymbol{x}), \cdots, p_{K-1}^{t_\text{budget}}(\boldsymbol{x})\}, f_K, \Delta t$
> 2. 初始化：产生初始种群 $X_{\text{pop},K}^1$，并评价之，即 $f(X_{\text{pop},K}^1)$
> 3. 设置 $t=1$
> 4. repeat
> 5.   if $\mod(t, \Delta t) \neq 0$ then
> 6.   在种群 $X_{\text{pop},K}^t$ 上应用标准进化算法算子，即交叉、变异，以便产生子代种群 $X_{\text{pop},K}^C$
> 7.   else
> 8.   将种群 $X_{\text{pop},K}^t$ 映射到统一搜索空间 X，即 $\psi_K(X_{\text{pop},K}^t)$
> 9.   根据 5.3.1 节中的步骤 1~步骤 3，在空间 X 内构建 $p_K^t(\boldsymbol{x})$
> 10. $X_{\text{pop},K}^C = \psi_K^{-1}($从 $p_K^t(\boldsymbol{x})$ 中抽样$)$
> 11.   end if
> 12.   评价 $X_{\text{pop},K}^C$，即 $f_K(X_{\text{pop},K}^C)$
> 13.   从 $X_{\text{pop},K}^C \cup X_{\text{pop},K}^t$ 中，采用精英选择方式产生下一代 $X_{\text{pop},K}^{t+1}$
> 14.   设置 $t=t+1$
> 15. until AMTO 满足终止条件

5.5 数值实验

本节展现 AMTO 算法在人造简单实例以及机器人控制器设计方面实例上的有效性。更重要的是，本节揭示了模因模块通过习得的复合系数，具备自动地理解源任务和目标任务之间相互关系的能力。

5.5.1 实例

首先通过一个简单实例来展示 AMTO 算法的有效性。具体地，重新审查第 2 章中提出的 200 维的、二进制编码的、欺骗性 trap-2 函数和 trap-5 函数。与时序知识迁移的前提条件相一致，我们假设 trap-5 函数作为我们感兴趣的目标任务，同时 trap-2 函数构成以往已解决的源任务，trap-2 函数的搜索分布模型能够被重新利用。此外，知识库由第二个源任务所构成，该模型来自于一个随机产生的二进制编码的优化问题。第二个源任务的产生过程简单地包括构造并固定一个随机比特串（长度为 200）。因此，优化算法的目标是进化出一个候选解向量,使得从已构造的随机比特串到候选解向量的汉明距离最小化。

根据第 2 章内容,当所有变量均取值为 1 时,trap-5 函数和 trap-2 函数出现全局最优解。作为最优解相互作用的结果,显然从 trap-2 函数获得的模因,将有利于 trap-5 函数。另外,从随机源任务中习得的模因,对于目标任务将不太可能带来任何有价值信息。获得该结论是直观的、显而易见的。因此,本项研究的主要目的是,借助这里提出的 AMTO 算法的模因模块,相同的结论能够推广至纯粹的数据驱动方式。

对比 AMTO 算法整体性能的基准是一种简单进化算法,为了确保公平对比,这两种算法均采用相同的进化遗传算子(即统一交叉和随机比特翻转变异)、参数结构和函数评价资源。在 AMTO 算法中,迁移间隔设置为 $\Delta t = 2$ 代,在二进制编码实例中,所选取的概率模型是一个伯努利(单变量边缘)分布。注意,因为所有任务(源任务和目标任务)都已经二进制编码,且具有相同维度,因此无须任何额外的搜索空间统一化过程。

在这种环境下,算法获得的结果,如图 5.3 所示。由于从 trap-2 函数中获得的高度相关的源模型的有效性,AMTO 算法大幅度地优于简单进化算法。更有意思的是,图 5.3(b) 展现出,模因模块精确地确定了如下事实:从随机任务中获得的第二个源任务对于目标任务而言几乎毫不相关。因此,在优化过程中,随机产生的源任务所对应的复合系数几乎是 0,与此同时,trap-2 函数所对应的复合系数基本上达到 1。换句话说,AMTO 算法的数据驱动机制成功地验证了我们先前的直观判断,且无须任何人类干预。

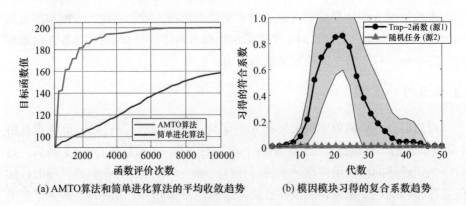

(a) AMTO算法和简单进化算法的平均收敛趋势　　(b) 模因模块习得的复合系数趋势

图 5.3　AMTO 算法和简单进化算法在级联 trap-5 函数上的平均收敛趋势,
以及借助 AMTO 算法的模因模块习得的复合系数趋势
(阴影区域是将均值在任意一侧叠加一个标准差)(见彩图)

5.5.2 实际案例研究

下面,为了在更加实际的领域内展示 AMTO 算法的有效性,我们开展了一项针对传统神经-进化控制器设计任务的案例研究。

基本问题描述如下:为一个 Markovian 双杆平衡机器人寻找一个控制器,也就是说,试图平衡在一个货车上具有不同长度的两个杆,这个货车能够在有限轨道上自由移动[20]。唯一的控制因素就是沿着轨道方向作用于货车上的力 F。控制器的输入是该系统的完整状态,包括货车的位置、货车的速度、每个杆与垂直方向的夹角,以及两个杆的角速度。控制器可表征为一个两层反馈神经网络(FNN),包括 10 个隐层神经元和 1 个输出神经元,并采取双曲正切激活函数。如果货车运动超出了 4.8m 长的轨道边界,或者两杆中的任何一杆与垂直方向的夹角超过 ±36°,那么该项控制任务就视为一次失败。相反,如果 FNN 控制器在至少 10 万次时间步长内(在仿真时间方面,超过 30min)能够避免任务失败,这项任务可以认为是成功地解决。因此,我们将这项控制任务建模为一个适应度最大化的优化问题,其中适应度就是在系统失败前所经历的时间步长的数量。相应地,优化算法的目标就是,相应地调整 FNN 控制器的突触权重。该问题描述的一个图解,如图 5.4 所示。

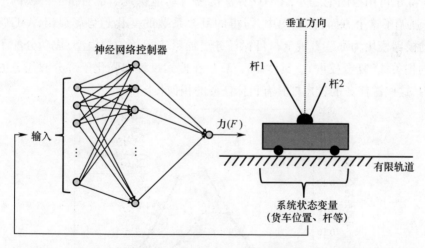

图 5.4 采用 FNN 控制器求解双杠平衡问题的示意图

考虑图 5.4 中杆 2 的长度总是比杆 1 短,并假设杆 1 的长度 l_1 固定为 1m。根据之前的研究,人们普遍意识到,当杆 2 的长度 l_2 接近 1m 时,系统逐渐变得越来越难以控制。例如,采用简单进化算法的数值实验表明,当 $l_2 \approx 0.1m$ 时,平衡该系统相对简单。但是,当 $l_2 > 0.7m$ 时,算法难以在给定的计算资源内求解该项任务。考虑到这一点,在 AMTO 算法和更宽泛的时序知识迁移的环境下,值得我们探索和研究的一个实际问题是:是否可能从以往处理简单问题所获得的一些经验中抽取出知识,以有助于求解一项相关但明显更加复杂的当前任务?

为了探讨这个问题,我们开展另一个对比简单进化算法和 AMTO 算法的研究工作。这次的目标任务是双杆平衡问题的变种,其中 $l_2 = 0.8m$。这两种算法采用相同的进化遗传算子(模拟二进制交叉[21]和多项式变异[22])和精英选择机制,并分配相同的计算资源(10000 次的函数评价)。这样能够确保任何的性能差异主要来自于 AMTO 算法所使用的模因,这些模因来自于以往 FNN 控制器分别在 l_2 为 $0.6m$、$0.65m$、$0.7m$、$0.75m$ 和 $0.775m$ 等多项任务上的设计实例。注意,在这次实验中,概率模因采用了多元高斯分布模型的形式。此外,AMTO 算法的迁移间隔设置为 $\Delta t = 10$ 代。

实验结果表明,简单进化算法永远不可能寻找到一个合适的控制器(即成功率是 0%),但是,AMTO 算法经过多次运行后,能够获得 44% 的成功率。换句话说,AMTO 算法明显地完全有能力适应从以往所解决的简单问题中习得的经验,以便更好地处理更加富有挑战的当前任务。

除了可用模因池之外,AMTO 算法能够自动地识别出最有价值的模因。图 5.5 强调了这个方面,在该图中,习得的复合系数的变化趋势彰显出,AMTO 算法的模因模块为那些直观上与目标任务更加紧密相关的源模型,成功分配了更高的相关性(复合权重)。具体而言,算法在搜索过程中强化了部分源任务的影响力,这些源任务的较短杆具有目标任务的相似长度。

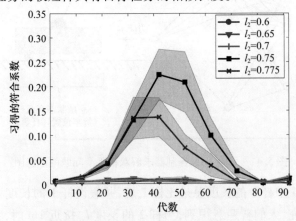

图 5.5 AMTO 算法在目标任务($l_2 = 0.8m$)上习得的平均复合系数的变化趋势

(阴影区域是将均值在任意一侧叠加一个标准差)

相反,如果较短杆的长度明显地短于0.8m,从这些源任务中获得的概率模型始终都被分配接近0的权重。显而易见,无须任何人工干预,AMTO算法能够在线地学习和利用这些关系。

5.6 高代价函数优化中的知识迁移

到目前为止,本章始终将模因的抽象解释视为搜索分布的概率模型。本节将呈现模因的另外一种计算表征,也就是高代价优化问题领域的回归模型。在第3章中已经引入了相似的思想,并关注于各种模型的复合,这些模型来自于我们感兴趣的一个目标任务[23-24]。相反,时序知识迁移的常规主题会产生下述场景:随着时间推移,从过往解决问题的经验中获得多个回归模型,由此构成的一个模型池已经不断得到累积。我们称这样的场景为多问题代理[25]。

5.6.1 针对回归迁移的混合建模

在传统的代理辅助优化中,算法通常迭代执行下述步骤:①基于一个特定问题的数据集,训练一个或多个代理模型$\{m_1, m_2, \cdots\}$,以便发现高代价目标函数$f(\boldsymbol{x})$的一个低计算代价的近似估计$\hat{f}(\boldsymbol{x})$;②利用代理适应度估计值来执行搜索,以便针对精确估计,确定有潜力的候选解的下一个集合;③将高代价评价值补充到累积的数据集,同时,算法返回到步骤①。

当处理多问题代理问题时,优化算法的流程与上述过程保持基本一致。只是,当处理任务T_K时,模因池$M = \{m_1, m_2, \cdots, m_K\}$包括了从求解任务$T_1, T_2, \cdots, T_{K-1}$所获得的过往经验中抽取的多种模型。因此,$m_k$提供了以往遇到的目标函数$f_k(\boldsymbol{x})$的一个估计值$\hat{f}_k(\boldsymbol{x})$。然而,在特定的简化假设下,当考虑$\hat{f}_k(\boldsymbol{x})$和目标函数$f_K(\boldsymbol{x})$之间的关系时,可以用3.4.1节提出的方法,来构造一个能够估计$f_K(\boldsymbol{x})$取值的增强混合函数$\hat{f}_K(\boldsymbol{x})$。借助知识迁移,它能够确保较高的预测精度。这个特定的假设以及确定复合系数的相应过程,将在下面加以描述。

我们首先作如下假设:根据一个共同的尺度,算法已经归一化了所有源模型和目标模型的预测值。在这种条件下,假设源模型满足

$$\int [f_K(\boldsymbol{x}) - \hat{f}_k(\boldsymbol{x})] \cdot \mathrm{d}\boldsymbol{x} = 0 \tag{5.13}$$

以及

$$\int [f_K(\boldsymbol{x}) - \hat{f}_k(\boldsymbol{x})] \cdot [f_K(\boldsymbol{x}) - \hat{f}_j(\boldsymbol{x})] \cdot \mathrm{d}\boldsymbol{x} = 0, j \neq k \tag{5.14}$$

注意,我们并未给 $\hat{f}_k(\boldsymbol{x})$ 的预测精度添加任何约束条件。因此,它的均方误差

$$\sigma_k^2 = \frac{\int [f_K(\boldsymbol{x}) - \hat{f}_k(\boldsymbol{x})]^2 \mathrm{d}\boldsymbol{x}}{\int \mathrm{d}\boldsymbol{x}} \tag{5.15}$$

可以是任意大的。如果将其直接应用于目标任务 T_K 的话,式(5.15)代表了第 k 个代理的泛化性能。

基于上述材料,我们直接采用第 3 章推导出的结果来构造模型回归:

$$\hat{f}_K(\boldsymbol{x}) = \sum_{k=1}^{K-1} w_k \cdot \hat{f}_k(\boldsymbol{x}) + w_K \cdot \hat{f}_K'(\boldsymbol{x}) \tag{5.16}$$

其中,复合系数 w_k 可以表示为

$$w_k = \frac{\sigma_k^{-2}}{\sum_{i=1}^{K} \sigma_i^{-2}}, \forall k \tag{5.17}$$

在式(5.16)中,$\hat{f}_K'(\boldsymbol{x})$ 是一个过渡目标回归模型,在目标数据集 $D = \{\boldsymbol{x}_s, f_K(\boldsymbol{x}_s)\}_{s=1}^n$ 上训练得到,其中 n 表示集合规模。注意,为每个模型分配的权重代表了它在目标任务上所度量出的泛化性能。直观地,如果它的泛化性能较弱,那么相应模型应当具有较低的相关性。这是式(5.17)所规定的,这个公式所蕴含的理论合理性,参见第 3 章中定理 3.1 的证明过程。

因为 $f_K(\boldsymbol{x})$ 的解析形式是事先未知的,因此人们不能精确地评估式(5.15)。有鉴于此,为了确定复合系数,我们必须估计所有可用模型的样本外泛化误差。当估计过渡目标模型的性能时,人们需要给予特别关注。获得这些估计值的一种标准方案是,在目标数据集 D 上应用 F-段交叉验证。具体地,对于每一个数据段:首先在该数据段的样本内部来训练这个目标模型;然后在剩余的样本外数据上测试这个模型的性能,并给出其均方误差的近似值。针对所有数据段,反复执行上述过程,并将结果取平均值。这样的话,我们就获得了过渡目标模型的一个可靠的泛化性能估计值。此外,对于所有源模型(在来自于不同任务的数据集上,这些模型已经得到训练),无需大量的交叉验证,在目标数据上获得的各自预测精度就能够直接提供样本外误差估计值。

5.6.2 工程设计中的一项研究

为了验证在代理辅助优化中基于混合建模的知识迁移的有效性,我们考察了来自于复杂工程设计领域的一个问题。该领域不仅以高代价评价为特征,而且为多问题代理思想提供了一个完美的环境。这是因为,工业化产品几乎不会从零开始演化,按照常规,人们总是借鉴过往那些工作良好的概念(模因),以便改善将来产品的设计。因此,存在着一个明确的范围,人们借助模因实施时序知识迁移。更重要的,无需任何人工干预,模因论使得迁移过程自动化成为可能。

相应地,本小节在基于真实世界仿真的过程设计优化问题中,测试了本节提出的模因使能的代理辅助优化方法。具体考虑两个不同复合材料(玻璃纤维 + 环氧树脂)部件的制造过程,这两种复合材料具有相同的形状,以及不同的尺寸和原料配比。作为源任务,第一个复合材料部件是一个圆盘,直径为0.8m,纤维体积含量为50%。另外,目标任务处理另一个圆盘制造问题,直径为1m,纤维体积含量为35%。这个问题总共需要优化四个设计变量:前两个变量代表制造周期的热量状况;第三个变量代表压强,在怎样的压强下,推动环氧树脂(液态形式)穿过纤维床;第四个变量指明了速度,在怎样的速度下,外围液压设备开始工作。此处,我们感兴趣的目标函数是一个最大化问题,它联合考虑了两个独立的准则:①预期的制造周期时间;②设备布局和运行成本的一种间接度量[26]。我们通过数值仿真来计算该目标函数。

在实验中,源任务和目标任务所使用的基本代理模型是概率高斯过程[27],算法考虑了概率代理的混合模型的后验预测分布(即预测均值和预测方差)。因此,基本模型的选取使得下述过程成为可能:以一种理论上切实可行的方式(平衡了搜索空间的探索和开发能力)搜索正在经历精确评估的候选解的集合。我们强调,我们的总体方法或许能够被视为属于贝叶斯优化的范畴。在这个领域,它强调了模因的潜在作用。然而,由于贝叶斯优化的详细描述超出了本书的范畴,因此感兴趣的读者参见文献[28],以获得这个主题的系统综述。

从图5.6中可以看出,与传统代理辅助优化算法相比较,多问题代理算法有利于问题间自适应知识迁移,并显著提升搜索性能。例如,为了达到归一化适应度目标为0.25,由模因模块所提供的推动力节省了大约15次函数评价。将这个数字放得长远来看,如果我们考察一次仿真过程,运行一次通常需要2~3h(在工程设计中非常普遍)。那么,这就相当于每次设计节省了1~2天的优化时间。

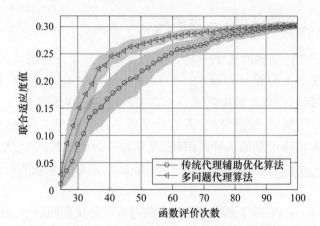

图 5.6 针对工程设计问题的平均收敛趋势
（阴影区域是将均值在任意一侧叠加半个标准差）

参考文献

[1] Smyth, P., & Wolpert, D. (1998). Stacked density estimation. In *Advances in neural information processing systems*（pp. 668 – 674）.

[2] Wolpert, D. H. (1992). Stacked generalization. *Neural Networks*, 5(2), 241 – 259.

[3] Pardoe, D., & Stone, P. (2010, June). Boosting for regression transfer. In *Proceedings of the 27th International Conference on International Conference on Machine Learning*（pp. 863 – 870）.

[4] Feng, L., Ong, Y. S., Tsang, I. W. H., & Tan, A. H. (2012, June). An evolutionary search paradigm that learns with past experiences. In *2012 IEEE Congress on Evolutionary Computation (CEC)*（pp. 1 – 8）. IEEE.

[5] Feng, L., Ong, Y. S., Lim, M. H., & Tsang, I. W. (2015). Memetic search with interdomain learning: A realization between CVRP and CARP. *IEEE Transactions on Evolutionary Computation*, 19(5), 644 – 658.

[6] Feng, L., Ong, Y. S., Tan, A. H., & Tsang, I. W. (2015). Memes as building blocks: a case study on evolutionary optimization + transfer learning for routing problems. *Memetic Computing*, 7(3), 159 – 180.

[7] Feng, L., Ong, Y. S., & Lim, M. H. (2013). Extreme learning machine guided memetic computation for vehicle routing. *IEEE Intelligent Systems*, 28(6), 38 – 41.

[8] Lim, D., Ong, Y. S., Gupta, A., Goh, C. K., & Dutta, P. S. (2016). Towards a new Praxis in

optinformatics targeting knowledge re – use in evolutionary computation: simultaneous problem learning and optimization. *Evolutionary Intelligence*, 9(4), 203 – 220.

[9] Feng, L., Ong, Y. S., Jiang, S., & Gupta, A. (2017). Autoencoding evolutionary search with learning across heterogeneous problems. *IEEE Transactions on Evolutionary Computation*, 21(5), 760 – 772.

[10] Mühlenbein, H. (1997). The equation for response to selection and its use for prediction. *Evolutionary Computation*, 5(3), 303 – 346.

[11] Pelikan, M., Goldberg, D. E., & Cantú – Paz, E. (1999, July). BOA: The Bayesian optimization algorithm. In *Proceedings of the 1st Annual Conference on Genetic and Evolutionary Computation* (pp. 525 – 532). Morgan Kaufmann Publishers Inc.

[12] Gallagher, M., Frean, M., & Downs, T. (1999, July). Real – valued evolutionary optimization using a flexible probability density estimator. In *Proceedings of the 1st Annual Conference on Genetic and Evolutionary Computation – Volume 1* (pp. 840 – 846). Morgan Kaufmann Publishers Inc.

[13] Van den Oord, A., & Schrauwen, B. (2014). Factoring variations in natural images with deep Gaussian mixture models. In *Advances in Neural Information Processing Systems* (pp. 3518 – 3526).

[14] Zhang, Q., & Muhlenbein, H. (2004). On the convergence of a class of estimation of distribution algorithms. *IEEE Transactions on Evolutionary Computation*, 8(2), 127 – 136.

[15] Baluja, S., & Caruana, R. (1995). Removing the genetics from the standard genetic algorithm. In *Machine Learning Proceedings 1995* (pp. 38 – 46).

[16] Blume, M. (2002). Expectation maximization: A gentle introduction. *Technical University of Munich Institute for Computer Science*. https://pdfs.semanticscholar.org/7954/99e0d5724613d676bf6281097709c803708c.pdf.

[17] Devroye, L., Györfi, L., & Lugosi, G. (2013). *A probabilistic theory of pattern recognition* (Vol. 31). Springer Science & Business Media.

[18] MacKay, D. J. (2003). *Information theory, inference and learning algorithms*. Cambridge University Press.

[19] Dempster, A. P., Laird, N. M., & Rubin, D. B. (1977). Maximum likelihood from incomplete data via the EM algorithm. *Journal of the Royal Statistical Society. Series B (Methodological)*, 1 – 38.

[20] Gomez, F., Schmidhuber, J., & Miikkulainen, R. (2008). Accelerated neural evolution through cooperatively coevolved synapses. *Journal of Machine Learning Research*, 9(May), 937 – 965.

[21] Deb, K., & Agrawal, R. B. (1994). Simulated binary crossover for continuous search space. *Complex Systems*, 9(3), 1 – 15.

[22] Deb, K., & Deb, D. (2014). Analysing mutation schemes for real – parameter genetic algorithms. *IJAISC*, *4*(1), 1 – 28.

[23] Zhou, Z., Ong, Y. S., Lim, M. H., & Lee, B. S. (2007). Memetic algorithm using multi – surrogates for computationally expensive optimization problems. *Soft Computing*, *11*(10), 957 – 971.

[24] Lim, D., Ong, Y. S., Jin, Y., & Sendhoff, B. (2007, July). A study on metamodeling techniques, ensembles, and multi – surrogates in evolutionary computation. In *Proceedings of the 9th annual conference on Genetic and evolutionary computation* (pp. 1288 – 1295). ACM.

[25] Min, A. T. W., Ong, Y. S., Gupta, A., & Goh, C. K. (2017). Multi – problem surrogates: Transfer evolutionary multiobjective optimization of computationally expensive problems. *IEEE Transactions on Evolutionary Computation*. Early Access.

[26] Gupta, A., Ong, Y. S., Feng, L., & Tan, K. C. (2017). Multiobjective multifactorial optimization in evolutionary multitasking. *IEEE Transactions on Cybernetics*, *47*(7), 1652 – 1665.

[27] Rasmussen, C. E. (2004). Gaussian processes in machine learning. In *Advanced lectures on machine learning* (pp. 63 – 71). Berlin: Springer.

[28] Shahriari, B., Swersky, K., Wang, Z., Adams, R. P., & De Freitas, N. (2016). Taking the human out of the loop: A review of bayesian optimization. *Proceedings of the IEEE*, *104*(1), 148 – 175.

第6章
问题间的多任务知识迁移

时序知识迁移处理如下情形:通过利用一个静态模因知识库,在某个时刻我们专注于处理一项我们感兴趣的(目标)优化问题(或任务)。这些模因是从各种过往经验中学习到的,而且这些经验是针对相关源任务的。因此,模因迁移的发生在很大程度上是单向的,即从过往经验中习得的知识迁移到当前任务。相反,多任务知识迁移在文献[1]中也被称为多因子优化,适合于同时出现、具有相同优先级的多个任务。这意味着,等待某些任务完成,再从中获得可利用的知识并迁移给其他任务,变得不再可能。随着在搜索过程中发现的已经得到部分进化的模因,不同优化问题必须不断前进。算法能够自发地共享一个动态知识库中的这些模因。这个知识库表示为 $M(t)$,其中,t 是基本进化算法正在进化的代数。因此,知识迁移可以发生于任何方向(以一种全向的形式)。模因的反复传播产生了多个问题间的更加协同的搜索。有鉴于此,本章的主要目标是,为求解多任务问题,量身定制一种第5章所提出的自适应模因迁移优化算法(AMTO)。此处,我们将该算法称为自适应模因多任务优化算法(即 AM-MTO)。

6.1 概 述

首先,我们重新简单地复述一遍多任务知识迁移的数学描述。想象一个由 K 项优化任务构成的集合,优化任务表示为 $T_1, T_2, \cdots, T_K$,其搜索空间分别为 $X_1, X_2, \cdots, X_K$。进一步地,假设存在一个事先定义好的统一空间 X,在一个多任务环境中,它能够将所有基本任务都编码到该搜索空间。在这样的环境下,联合

求解 K 项任务可表示为

$$\underset{\{w_{jk}, p_j(\boldsymbol{x})\} \forall j,k}{\text{maximize}} \sum_{k=1}^{K} \int f_K(\psi_k^{-1}(\boldsymbol{x}), \boldsymbol{y}_k) \left[\sum_{j=1}^{K} w_{jk} \cdot p_j(\boldsymbol{x})\right] \mathrm{d}\boldsymbol{x}$$

$$\text{s. t.} \sum_{j=1}^{K} w_{jk} = 1; w_{jk} \geq 0 。$$

(6.1)

其中,f_k 为第 k 个任务的目标函数;ψ_k^{-1} 为一个逆映射,描述将候选解向量从空间 X 解码到空间 X_k 的过程(见第 4 章);w_{jk} 为复合系数,它体现了模因 $p_j(\boldsymbol{x})$ 对于任务 T_k 的影响力,模因 $p_j(\boldsymbol{x})$ 能够对正在处理任务 T_j 和目标任务 T_k 相联合的部分已进展的搜索分布进行建模。

注意,为了阐述简单起见,式(6.1)忽略了约束函数的存在。

这个基本问题环境的一种高层次图解,如图 6.1 所示。当人们要设计一个能够很好地适应该环境的优化算法时,首先将式(6.1)分解为 K 项基本任务,并为每项任务分配一个独立的优化算法(模因自动机),这些算法有权使用由连续更新的模因所构成的动态知识库。给定这种分解,乍看之下,AMTO 算法在每项任务上开展一次简单应用似乎就足够了。然而,初步实验结果表明,在大多数情况下,在多任务场景下,这种方法并不能取得令人满意的结果。这个观察结果背后的原因源自于如下事实:在时序知识迁移过程中,模因 $p_j^{t\text{budget}}(\boldsymbol{x})$ 来自于以往经历过的任务 T_j,它是已收敛搜索分布的一个概率模型,该模型满足一些收敛准则,能够防止一个退化分布。然而,在多任务知识迁移中,模因 $p_j(\boldsymbol{x})$ 只是部分地进化。相应地,$p_j(\boldsymbol{x})$ 的典型特征是高方差。因此,从其中抽样有限个(通常数量较少)候选解,在实际中几乎不会产生有价值的迁移。

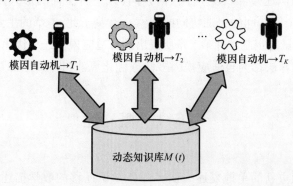

图 6.1　问题环境的高层次图解(在多任务知识迁移中,算法同时处理多项优化任务。这将产生一个动态知识库 $M(t)$,它由大量模因构成,这些模因被持续更新,并在各个优化算法之间自发地共享[2]。我们按照自适应模因自动机的方式来设计这些优化算法。)

相应地，本章提出了 AM‑MTO 算法，本质上它是针对多任务问题求解情形的一种定制化 AMTO 算法。首先，6.2 节将系统总结在计算智能文献中多任务优化方向的现有工作；然后，6.3 节将揭示一种简单的算法调整，使得 AMTO 算法转化为 AM‑MTO 算法，为了简洁起见不再开展新方法的理论分析。这是因为，第 5 章推导得到的推论能够自然而然地应用在这里。6.4 节利用一些有指导意义的案例研究来总结全章。这些案例包括一个简单实例，以及经典的神经‑进化机器人控制器设计任务。获得的结果验证了在多任务环境中探索全向知识迁移的独特效果。

6.2 相关工作综述

目前，确实存在着大量的优化任务间时序知识迁移方向的研究成果。但是，在实践中并不存在坚持采用基于模型的知识迁移框架的多任务优化方向的研究工作。然而，针对多任务问题采用纯进化技术，最近已经取得了一些研究进展。此时，在统一空间 X 中被编码的候选解，不是通过迁移习得的模因，而是通过统计遗传交叉过程，在各个任务之间被直接地复制（可能具有一些小的扰动）[3‑6]。在进化计算文献中，这种知识交换的模式通常被称为隐式遗传迁移。

在基因层次，有价值信息的隐式迁移概念，已经产生了一些有影响力的成功案例，包括机器学习模型(横跨人工神经网络和决策树)的同时集成学习[7‑9]、在复杂工程设计中的同步全局优化[10]、在软件测试生成中的同步搜索分支[11]、高代价优化问题的多精度方法[12]等。除了良好的实证效果之外，进化多任务受到广泛欢迎的关键驱动因素之一是其非常易于执行。然而，在进化多任务中，显式学习模块的缺失使其偏离了模因计算的基础。在这方面，一个重要观点是，现有多任务方法严重地依赖于进化选择压力的筛选效果[2]。换句话说，如果一个无价值的(或者是不合适的)候选解被迁移至其他任务，那么"适者生存"原则必须发挥作用，以一种可追溯方式，逐步地抑制这个有害的结果。因此，尽管当多项基本任务彼此之间紧密相关时，粗略的进化多任务是有效的，但是在任意场景下，特别是那些以黑箱函数为特征的场景下，该方法还是容易受到负迁移的影响。

下面将展示如何通过巧妙调整特定任务的概率模因的学习过程，第 5 章提出的基于混合建模的自适应知识迁移策略能够被直接地嵌入到多任务优化中。因此，在时序知识迁移环境中所获得的理论保证，也能够直接地应用于当前场景中。反过来，我们所获得的算法是一个针对多任务优化问题、在理论上切实可行的创新算法，该算法采用了自适应模因自动机的形式。

6.3 自适应模因多任务优化算法

通过分解式(6.1)，我们得到第 k 个任务 T_k 的表达式：

$$\underset{\{w_{jk},\forall j,p_k(\boldsymbol{x})\}}{\text{maximize}} \int f_k(\psi_k^{-1}(\boldsymbol{x}),\boldsymbol{y}_k) \left[\sum_{j=1}^{K} w_{jk} \cdot p_j(\boldsymbol{x}) \right] d\boldsymbol{x} \tag{6.2}$$

上述问题的表达方式有些类似于第 5 章的式(5.1)，在多任务场景中，可用的模因仅仅是已捕捉的部分已进化种群的分布，而不是有权使用代表着已收敛搜索分布的经验模因。因此，一个基础进化算法处理任务 T_k 时，算法的任意第 t 代，来自于其他任务 T_j 的源模式 $p_j^t(\boldsymbol{x})$ 通常都具有高方差特征。因此，对其开展抽样将以很高的概率产生无效解。

为了解决这个问题，我们提出了一种策略：在多任务环境下，在这些模因被传送到知识库，并使得其他任务有权使用之前，算法能够主动地衰减习得的概率模型模因的方差。本方案的基础是，将启发式指导的过程嵌入到学习过程中。为了这个目的，可以猜想，如果一组优化问题相互之间非常相关，那么在某项任务表现优秀(即适应度高)的一个候选解，在其他问题也应当表现同样优秀。

沿着这一思路，考虑空间 X 中对应于任务 T_j 的种群数据集 $X_{\text{pop},j}^t:\{x_1,x_2,\cdots,x_{n_{\text{pop}}}\}$，其中，$n_{\text{pop}}$ 表示种群中个体总数量。由于种群只是部分地得到进化，我们预计种群中个体将分布在整个搜索空间内，其中部分个体比其他个体距离全局最优点更近一些。在大多数实际情况中，我们有理由假设，展示出较高适应度值的候选解更可能是近似最优的。因此，为了学习到任务 T_j 对应的模因，算法不应当尝试捕获整个种群的分布，并对其建模。相应地，算法强调统一搜索空间内的某些区域就显得非常合理，这些区域与具有更高适应度值的那些候选解紧密相关。我们首先将 $X_{\text{pop},j}^t$ 聚类为(用户预先给定的)若干个小数据集，鉴于它们在统一搜索空间中位置，属于相同子集的个体彼此之间更加相似。接下来，我们只需要挑选一个聚类，这个聚类包括了在整个种群中具有最高适应度的那个候选解。算法学习到这个聚类的模因 $p_j^\mu(\boldsymbol{x}|t)$，并将其共享在知识库中：

$$M(t) = \bigcup_{\forall j \in \{1,2,\cdots,K\}} p_j^\mu(\boldsymbol{x}|t) \tag{6.3}$$

显而易见，由于概率模型 $p_j^\mu(\boldsymbol{x}|t)$ 能够捕获到局部已聚类那些个体的分布，因此它的方差自然会得到衰减。

给定如式(6.3)所示的一个知识库,概率模因的最优回归方法就与5.3.1节提出的方法相类似,能够构造出一个独立的混合模型,且该模型对应于多任务场景中的每一项任务。接下来,作为一个迭代步骤,将候选解的抽样与多个经典进化算法的共同运行(对每项任务,都具有一条单独的运行轨迹)相结合,其中,这些候选解来自于习得的混合模型。通过这种结合方式,我们获得了有效的多任务算法。如同之前已经证实的那样,对于确定各个任务在怎样的程度上以一种理论上切实可行的方式影响彼此的搜索行为,混合建模是一个关键点。需要特别指出的是,在求解任务 T_k 的过程中,用于混合建模的源模型集合是 $M(t) \backslash p_k^u(x|t)$。这是因为,任务本身所产生的模因,显然是多余的。

AM-MTO 算法的整体框架,与之前描述的用于时序知识迁移的 AMTO 算法之间,具有许多共同之处。两种方法的关键区别仅仅在于,对于 AM-MTO 算法而言,人们必须特别关注从部分已进化种群所获得的那些模因中学习。有鉴于此,AM-MTO 算法的通用流程图,如图 6.2 所示。该流程图针对一个简化环境,其中只同时考虑了两项不同的任务。一个更加系统化的描述,如算法 6.1 所示,它涉及许多步骤。

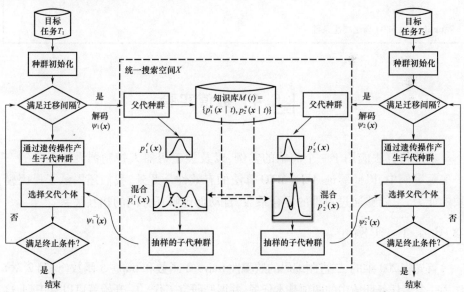

图 6.2　针对 $K=2$ 的情形,本节提出的 AM-MTO 算法的一个概念图示(多个进化算法共同运行,在固定的(预先设定的)迁移间隔,算法启动知识交换(模因)模块。希望更详细地了解习得的模因 $p_1^t(x)$ 和 $p_2^t(x)$,以及过渡模型 $p_1^{t'}(x)$ 和 $p_2^{t'}(x)$,请参考 5.3.1 节。)

算法 6.1：AM-MTO 算法应用于任务 $T_k \in \{T_1, T_2, \cdots, T_K\}$

1. 输入：f_k，迁移间隔 Δt
2. 初始化：产生初始化种群 $X_{\text{pop},K}^1$，并评价之，即 $f_k(X_{\text{pop},K}^1)$
3. 设置 $t = 1$
4. **Repeat**
5. $M(t) = \phi$
6.   **if** $\mod(t, \Delta t) \neq 0$ **then**
7.   在种群 $X_{\text{pop},K}^t$ 上应用标准进化算法计，即交叉、变异，以便产生子代种群 $X_{\text{pop},K}^C$
8.   **else**
9.   将种群 $X_{\text{pop},K}^t$ 映射到统一搜索空间 X，即 $\psi_k(X_{\text{pop},k}^t)$
10. $M(t) \leftarrow M(t) \cup p_k^t(x|t)$ ## 注意：借助所有任务，同步地更新 $M(t)$
11.   参考第 5 章，利用 $M(t) \backslash p_k^t(x|t)$ 中的源模型构建 $p_k^t(x)$
12. $X_{\text{pop},K}^C = \psi_K^{-1}$（从 $p_k^t(x)$ 中抽样）
13.   **end if**
14.   评价 $X_{\text{pop},k}^C$，即 $f_k(X_{\text{pop},k}^C)$
15.   从 $X_{\text{pop},k}^C \cup X_{\text{pop},k}^t$ 中，采用精英选择方式产生下一代 $X_{\text{pop},k}^{t+1}$
16.   设置 $t = t + 1$
17. **until** AM-MTO 满足终止条件

6.4 数值实验

本节将算法应用于一个简单的实例，以及关于机器人控制器设计任务的一个实际案例中，以此验证 AM-MTO 算法的有效性。此外，我们还揭示了模因模块的能力，它能够通过习得的复合系数，自动地理解任务间的相互关系。

6.4.1 实例

首先将 200 维的、二进制编码的欺骗性 trap-2 函数和 trap-5 函数（见第 2 章）作为一个多任务环境中的两项基本任务，并展开研究工作。一开始就可以意识到，这两个问题确实是相互间紧密关联的。这是因为，他们具有完全相交的全局最优解。事先也可以知道，与 trap-2 函数相比较，trap-5 函数通常更加难以求解。在求解 trap-5 函数时，一个简单进化算法所面临的明显困难能够证实这一论断。

有鉴于此，下面这个实验的目标是，通过同时处理这两项任务来展示出，从一项简单任务处所获得的迁移知识自然地有助于解决更加复杂的问题。此外，理论上切实可行的模因模块能够确保，算法获得的优势是以简单任务上的较少成本为代价的。需要指出的是，借助多任务环境获得这样的结果，能够很好地与人工智能领域的一种长期推动力保持一致：人们希望创造出同时处理多项任务的智能体。事实上，在这个方向的最新科研进展已经表明，算法本能地致力于解决一项任务，与此同时，或许也能解决许多其他任务[13]。算法借助无意学习到的知识，并有意地利用这些可用知识。

仿真结果验证了我们的结论，如图 6.3 所示。像往常一样，为了公平起见，AM-MTO 算法和简单进化算法的基本结构保持一致。在 AM-MTO 算法中，模因模块的设置如下：迁移间隔 Δt 为 2 代，模因采取伯努利分布模型的形式，聚类数目在实验中设置为 5 个。聚类操作是基于汉明距离度量的传统 k 均值算法[14]。此处，$k=5$ 代表聚类数目，而不是本章通篇所指代的"任务索引"的概念，请勿混淆。最后，需要注意，trap-2 函数和 trap-5 函数采取了通常的二进制编码方案，这意味着，无须单独的搜索空间统一化（编码/解码）的步骤。

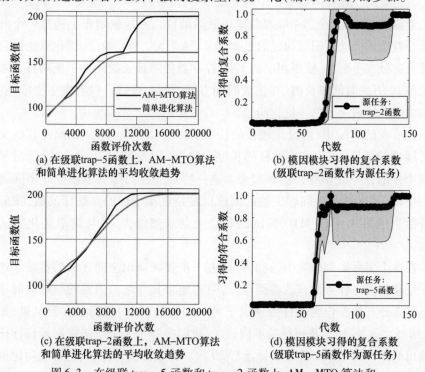

(a) 在级联 trap-5 函数上，AM-MTO 算法和简单进化算法的平均收敛趋势

(b) 模因模块习得的复合系数（级联 trap-2 函数作为源任务）

(c) 在级联 trap-2 函数上，AM-MTO 算法和简单进化算法的平均收敛趋势

(d) 模因模块习得的复合系数（级联 trap-5 函数作为源任务）

图 6.3　在级联 trap-5 函数和 trap-2 函数上，AM-MTO 算法和简单进化算法的平均收敛趋势和借助模因模块习得的复合系数
（阴影区域是将均值在任意一侧叠加一个标准差）（见彩图）

如图 6.3 所示，AM-MTO 算法的收敛趋势表明，尽管 trap-5 函数往往会短暂地陷入高度欺骗性的局部最优解，但是知识迁移的作用有助于算法跳出该局部最优解。如图 6.3(b) 和图 6.3(d) 所示，习得的复合系数趋势能够证明该结论。该图也表明，从局部极值点跳出通常伴随着习得的任务间相互关系的一种急剧上升，并导致了知识交换的显著增加。本质上，无须任何的人工干预，算法就能够成功地识别出基本任务之间的协同效应，并相应地修补搜索行动，以便立即增强优化性能。与此同时，图 6.3(c) 还证实，相较于简单进化算法，AM-MTO 算法的性能在较简单的 trap-2 函数上仍然保持竞争力，甚至还略微改善了性能。

6.4.2 实际案例研究

作为一个更加实际的案例，我们考虑双杆平衡机器人控制器设计任务。这项任务的目的是平衡一辆货车上不同长度的两杆，其中，这辆货车沿着一段有限长的轨道运动。该控制器是一个两层反馈神经网络（FNN），包括 10 个隐神经元和 1 个输出神经元（全部采取双曲正切激活函数），在这辆货车上施加一个外力使其沿着轨道运动。问题构建的更多细节，见 5.5.2 节。总之，优化算法的目标是搜寻突触权重配置，使得相应的 FNN 控制器能够最长时间地平衡两杆。如果系统在 10 万次时间步长内（在仿真时间方面，超过 30min）没有发生失败，我们就称为成功地解决了这一优化问题。

在所有的实验中，假设比较长的杆的长度 l_1 固定为 1m。如同在其他文献中已展现的那样，当比较短的杆的长度 l_2 接近（以及超过）0.7m 时，同时平衡这两个杆的任务逐步变得困难起来。这一特征为我们提供了创造许多问题变种的手段，且求解这些问题变种的困难程度是逐步增加的。这样的话，我们就能够恰当地测试 AM-MTO 算法的联合问题求解能力，并与简单进化算法相比较。

在这个实际案例研究中，我们打算进一步强调知识全向迁移的益处。这种知识迁移具备多任务范式的典型特征，明确地将其与之前遇到的问题间时序知识迁移区分开来。作为多任务场景下的一个实验，我们得到了实验结果，如表 6.1 所列。此处，给定较短杆的不同长度，我们报告了 3 个不同控制器设计任务的输出结果。每个求解算法独立运行 20 次。为了方便对比，我们将成功比例作为算法性能的一个指标。

表6.1 AM-MTO算法和简单进化算法求解双杆平衡控制器设计任务的三个不同的问题变种,每项任务的计算资源限定为2万次评估

短杆长度 l_2/m	成功率	
	简单进化算法/%	AM-MTO算法/%
0.60	85	90
0.65	45	75
0.70	10	35

显而易见,借助任务间的多任务优化方式,算法能够获得性能改善。为了确保一个公平地对比研究,这里所考察的两种算法采取了完全相同的进化遗传操作、精英选择机制,并分配了相等的函数评价资源。这样的话,观察到的性能改善纯粹是 AM-MTO 算法中模因模块的缘故。在模因模块自身的参数设置方面,迁移间隔 Δt 预先设置为10代,模因采取多元高斯分布模型的形式,聚类数目设置为5个。聚类操作是基于欧几里得距离度量的 k 均值算法。从实验结果中总结出的主要结论是,(相对)简单和困难的任务确实能够相互地给予促进和协助。甚至在实际环境中,借助多任务优化方式,该结论也完全是令人信服的。

参考文献

[1] Gupta, A., Ong, Y. S., & Feng, L. (2016). Multifactorial evolution: Toward evolutionary multitasking. *IEEE Transactions on Evolutionary Computation*, 20(3), 343-357.

[2] Gupta, A., Ong, Y. S., & Feng, L. (2018). Insights on transfer optimization: Because experience is the best teacher. *IEEE Transactions on Emerging Topics in Computational Intelligence*, 2(1), 51-64.

[3] Gupta, A., Ong, Y. S., Feng, L., & Tan, K. C. (2017). Multiobjective multifactorial optimization in evolutionary multitasking. *IEEE Transactions on Cybernetics*, 47(7), 1652-1665.

[4] Ong, Y. S., & Gupta, A. (2016). Evolutionary multitasking: A computer science view of cognitive multitasking. *Cognitive Computation*, 8(2), 125-142.

[5] Bali, K. K., Gupta, A., Feng, L., Ong, Y. S., & Siew, T. P. (2017, June). Linearized domain adaptation in evolutionary multitasking. In *2017 IEEE Congress on Evolutionary Computation (CEC)* (pp. 1295-1302). IEEE.

[6] Wen, Y. W., & Ting, C. K. (2017, June). Parting ways and reallocating resources in evolutionary multitasking. In *2017 IEEE Congress on Evolutionary Computation (CEC)* (pp. 2404-

2411). IEEE.

[7] Chandra, R., Gupta, A., Ong, Y. S., & Goh, C. K. (2017). Evolutionary multi-task learning for modular knowledge representation in neural networks. *Neural Processing Letters*, 1–17.

[8] Tang, Z., Gong, M., & Zhang, M. (2017, June). Evolutionary multi-task learning for modular extremal learning machine. In *2017 IEEE Congress on Evolutionary Computation (CEC)* (pp. 474–479). IEEE.

[9] Wen, Y. W., & Ting, C. K. (2016, July). Learning ensemble of decision trees through multifactorial genetic programming. In *2016 IEEE Congress on Evolutionary Computation (CEC)* (pp. 5293–5300). IEEE.

[10] Cheng, M. Y., Gupta, A., Ong, Y. S., & Ni, Z. W. (2017). Coevolutionary multitasking for concurrent global optimization: With case studies in complex engineering design. *Engineering Applications of Artificial Intelligence*, 64, 13–24.

[11] Sagarna, R., & Ong, Y. S. (2016, December). Concurrently searching branches in software tests generation through multitask evolution. In *2016 IEEE Symposium Series on Computational Intelligence (SSCI)* (pp. 1–8). IEEE.

[12] Ding, J., Yang, C., Jin, Y., & Chai, T. (2017). Generalized multi-tasking for evolutionary optimization of expensive problems. *IEEE Transactions on Evolutionary Computation*. Early Access.

[13] Cabi, S., Colmenarejo, S. G., Hoffman, M. W., Denil, M., Wang, Z., & Freitas, N. (2017). The intentional unintentional agent: Learning to solve many continuous control tasks simultaneously. In *Conference on Robot Learning* (pp. 207–216).

[14] MacQueen, J. (1967, June). Some methods for classification and analysis of multivariate observations. *Proceedings of the Fifth Berkeley Symposium on Mathematical Statistics and Probability*, *1*(14), 281–297.

第7章
将来研究方向:压缩模因空间进化

本书到目前为止已经展示了问题间学习的观念如何嵌入到搜索和优化算法的设计中。我们称习得的知识为模因,它能够表现为任意的计算表征,如搜索分布的概率模型、代理回归模型等。在进化算法等基本优化算法的基础上引入模因模块(即学习),使得快速地修正自定义的搜索行为成为可能。沿着这一思路,本书第二部分清楚地阐明了如下事实:习得的模因的作用范畴并不局限于单一任务。这为模因在问题间或机器间自适应迁移提供了理论或方法支撑。特别地,这类系统的实际实现方式非常适合于云计算和物联网等现代技术,这些技术提供了大规模数据存储和无缝通信设备。有鉴于此,本章的目标是强调上述技术的不同含义,这些含义在模因计算领域内有待充分探索。我们认为,除了影响算法开发过程之外,(受到物联网驱动的)物理设备的广泛互联将影响到问题自身的本质。具体地,针对相互联系(多组分[1])的问题,可行解结构的组合空间将自然地造成大规模优化场景,这些场景突破了现有优化算法的限制。我们认为,在这种场景下,模因模块和基本优化算法之间的现有差异将逐步消融。因此,按照普适达尔文主义的思想,进化过程能够直接延伸至一个压缩模因空间[2]。

借助模因来简明地表述高阶问题求解知识,这提供了一种从经典进化算法的传统低层次遗传编码中摆脱困境的有效途径。尽管模因表征和模因空间进化存在着许多种替代方法,这些方法对应于不同类型的优化场景[3],但此处可以通过一个解释性的案例研究来引入这一基本思想,该案例是离散问题的一个特殊类别。为了这个目的,7.1节将首先介绍所考察问题类型的通用背景;然后提出来自于运筹学研究文献的经典实例。也就是,NP难的0-1背包问题[4],并将该实例作为这一类问题的一个具体实例。本章提出了一种模因的非典型表征,并讨论了这种方案背后的理论动机。其中,这种模因采取人工神经网络分类算法的形式。实验结果证实了这种方法的实际有效性,并针对将来可预见的大规模优化问题,强调了模因空间进化的重要性。

7.1 基于分类的离散优化

本章关注离散(组合)优化问题,相应地,该问题被构造为一个二项分类任务。具体地,考虑一个由 d 个元素构成的集合 Ω,其中,第 i 个元素采用 N 维特征空间内的一个点 $\theta_i \in \mathbb{R}^N$ 来表达。相应地,优化算法的目标是,为所有的元素 $i \in \{1,2,\cdots,d\}$ 分别分配标签 $x_i \in \{0,1\}$。在满足一定约束条件的情况下,这样使得与解向量 $\boldsymbol{x} = [x_1, x_2, \cdots, x_d]$ 相关联的奖励值或适应度值(可能是一个黑盒)最大化,此处我们感兴趣的关键性假设是参数 d 是一个很大的数。

现实世界大量的优化问题能够表述为上面描述的任务。其中,最典型的一些实例包括机器学习中的特征或实例选择[5-6]、基于图的路径规划(链路或边作为集合 Ω 的元素)[7]、最优雇佣工人[8]、投资组合选择[9]等。此外,来自于运筹学文献的 0-1 背包问题(KP)是一个经典实例,也符合我们的描述。该问题的目标是,最大化那些被选中并放置于背包内物品的价值总和,同时确保总重量不超过给定的能力约束 W_{cap}。因此,背包问题的精确数学定义可以描述为

$$\max_{\boldsymbol{x}} \sum_{i=1}^{d} P_i \cdot x_i, \\ \text{s. t. } \sum_{i=1}^{d} W_i \cdot x_i \leqslant W_{cap}; x_i \in \{0,1\} \tag{7.1}$$

其中,P_i 和 W_i 分别为第 i 个物品的价值和重量。

如果设置 $N=2$,并假设第 i 个元素(物品)的特征 θ_i 为 (P_i, W_i),那么人们就能够发现式(7.1)的表达式和二项分类任务的通用描述之间的对应关系。

下面将详细描述一种通用方法,以便求解上述基于分类的离散优化问题的任何实例,而不是依靠于传统低层次的候选解遗传编码方案。这里,我们提出了在人工神经网络分类算法的相对压缩空间内执行搜索操作[10]。这种方法背后的理论基础能够确保,给定充足的计算时间,借助具有最窄的问题依赖宽度(即具有最少数量的隐神经元)的神经网络,在任意环境中我们都能寻找到最优解(标签分配)。然而,针对表现出许多实际特征的问题(如本例中的背包问题)

的实验证据揭示出,借助许多更窄的神经网络,我们能够获得显著的性能改善。因此,这为我们提供了一种在实践中搜索空间压缩的有效方法。

7.2 基于神经网络的压缩表征

本章所考察的这一类离散优化任务,最终能够最优地将目标集合 Ω 分割为两个组别,分别标记为 0 和 1。其中,通过奖励来最优地确定分割方式,这种奖励与预先指定的将各个元素分配至两个组别的分配方案相关联。在人为设想的环境中,任意分配或许都可能带来最丰厚的奖励。因此,当优化时,选择一种候选解的表征方案就显得尤为重要,这种表征方案必须足够灵活,能够唯一地编码所有可能的物体-标记之间的组合。相反,如果表征方案不能支持某些标记分配,那么就存在一种可能性:无论付出多大的计算成本,算法永远不能发现最优的分割方式。

因此,求解上述类型问题的一般性方法就是,与一种低层次的二进制编码相结合。其中,每个物品表示为一个独立比特。显然,这种编码方案支持所有 2^d 种标记分配。另外,本章最感兴趣的一种替代方案是,设计一种更简洁的(高层次的)候选解的表征。为了这个目标,我们考虑优化过程发生在浅层人工神经网络分类算法的一种维度上的压缩空间内,而不是优化一个长度为 d 的由 0 和 1 构成的比特串。具体而言,这样的网络将单个物品的特征 θ 作为输入,并产生在 $[0,1]$ 区间内的一个标量输出。该输出值是某物品必须分配给标记为 1 组别的一个数值置信水平。输出值越接近 1,就意味着更高的置信水平。接下来,根据最低的置信水平阈值来分割物品,由此推导出一个唯一的候选解,它对应着一个具体的神经网络。我们注意到,最近在利用深度神经网络处理组合优化问题方面,人们表现出日益高涨的热情。在组合优化问题中,d 个物品的完整集合作为输入,输出是标记分配空间上的一个后验概率分布。然而,我们发现,令人满意地训练这样的神经网络,通常涉及调整大量的参数(即突触权重),这样就与我们维度约减的基本意图相左。因此,在本书中避免深入地探讨这个正在涌现的(而且有趣的)研究方向。

基于上述背景,不失一般性,关于在本项研究中所关注的神经网络的类型,这里需要澄清一些具体细节。首先,选择一种只有一个神经元隐层的基本 FNN。利用双曲正切函数,作为非线性激活函数,假设连接输入和隐层之间的突触权重是随机产生的(从标准正态分布中抽样),并在随后的整个优化过程中保持固定不变。最后一项假设是非常重要的。这是因为,这意味着,这些有待调节的参数被限制在输出层。支持我们选择这种 FNN 分类算法的理论根据,通过下面这个定理予以解释说明。

定理 7.1 针对基于分类的离散优化问题,存在着一个有限宽度的 FNN,能够以 1 的概率来表征任意的标记分配。其中,该优化问题包含由 d 个物品构成的一个有限集合。此外,为了实现一种大于 0.5 的(但是小于 1 的)有代表性的概率,在 FNN 中隐神经元的所需数量几乎是随着物体数量线性变化的。

证明: 通过指定在由许多隐神经元所定义的潜在空间内的一个分类超平面,FNN 能够将所有物品分割为两个组别。如果这些特征从输入层到隐层非线性地扩展,它遵循 Cover 定理[11]。也就是说,对于 d 个物品和 hn 个隐神经元,FNN 能够表征任意标记分配的概率将严格地随着 hn 而增加,具体数值为 $2^{-(d-1)} \cdot \sum_{i=0}^{hn} C_i^{d-1}$。相应地,如果 $hn \geq d-1$,那么这个概率就等于 1。为了展示该定理第二个论断的正确性,我们提供了一个直观的理由,如图 7.1 所示。根据此处的变化趋势,显然为了获得一个大于 0.5 的(小于 1 的)有代表性的概率,如果 $d_1 < d_2$(d_1 和 d_2 足够大),那么 $hn_1/d_1 > hn_2/d_2$。然而,根据二项系数的 Pascal 三角形解释,我们立即得到 $hn_1 < hn_2$。因此,隐神经元的所需数量会增加,而且是近似线性地增加。

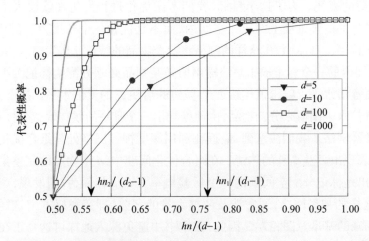

图 7.1 在给定不同物品数量 d 时,FNN 分类算法能够表征任意标记分配的概率,该概率是隐神经元的数量 hn 的一个函数

这个定理告诉我们,如果将 FNN 中隐神经元的数量设置为 $d-1$,那么就一定存在着连接隐层和输出层之间的突触权重的一些向量,能够产生最优的物品

第7章 将来研究方向：压缩模因空间进化

分割方式。因此，如果提供充足的计算资源用于调节或进化这 $hn = d - 1$ 个输出权重，那么我们就能够确保寻找到最优的分割方式。

鉴于上述情况，FNN 表征仅仅利用大约 d 个有待优化的突触权重，来代替 d 比特的低层次二进制编码。因此，尚未获得任何的压缩。然而，基于定理7.1 的第二个论断可以发现，如果允许 FNN 在表现能力（表征概率）方面的一些妥协，那么所需神经元的数量的近似线性扩展，为不断增加的物品数量的维度约减提供了巨大的余地。更重要的是，在大多数实际场景中物品的最优分割并不是任意的。事实上，物品属于两个不同组别的特征之间，往往存在着一个清晰的差异。因此，对于一个合理的浅层 FNN 而言，发现这种差异或许并不困难。我们将在下面的背包问题中，检验这些观察结果的含义。

▲ 7.2.1 应用于背包问题

求解背包问题时，经常采取的一种启发式过程是，从最有效率的点开始，基于各自的效率（即价值与重量的比值）贪婪地选择物品。已经证实，这种方法在一般情况下是非常有效的。这种方法不仅是启发式的、直观上令人满意的，而且它还揭示了如下事实：物品特征的某种特定模式往往使得他们更适合被选中，并放到背包中。换句话说，正如上面所提到的那样，物品的最优分割并不一定是任意的。因此，具有高约束特征扩展（$hn \ll d$）的 FNN 能够产生一种潜在特征空间，以满足需求。而且，该特征空间以很高的概率包括了一个近似最优的分离超平面。

基于上述情况，可以认为，只要将进化过程迁移至 FNN 分类算法的一个压缩空间上，就能够解决背包问题。其中，该 FNN 分类算法的特征是，隐神经元的数量（由用户自定义）较少。回想一下，我们只是进化了分类算法的输出突触权重。这是因为，连接输入层和隐层的权重是随机产生的，并且从一开始就是固定不变的。给定一个具体的 FNN，通过物品在整个网络上的正向传播，算法就获得了相应的候选解的低层次二进制编码。这样能够确定它们的各自的置信水平。这里介绍一种算法的示例，如图 7.2 所示。接下来，按照预测置信水平的降序方式，考虑并选取物品，直到背包装满为止。

图 7.2 考察一个 FNN 分类算法，将其作为模因的一种计算表征。相应地，所有可能 FNN 的空间构成了模因空间。基于此假设，背包问题被转换为 FNN 在模因空间内的搜索过程，这将导致将物品最优地分配至背包。注意，如果设置隐神经的数量 hn 远小于物品的数量 d，那么与原始的 d 比特串的候选解的表征相比较，模因空间的维度（尺度）将得到显著压缩。

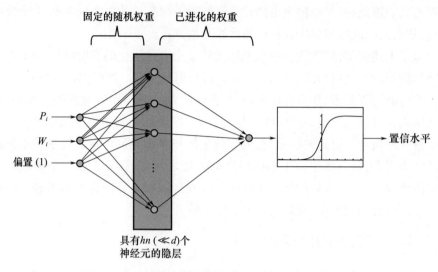

图 7.2　FNN 分类算法示例

需要特别指出的是,FNN 的突出特点是其有能力捕获到物品特征所蕴含的模式。接下来,为了更加有效地求解问题,在进化搜索的过程中,算法会重新利用这些模式。具体地,在优化过程中,神经网络逐步地学习到高层次的关于物品类型的知识,这些物品更适合被放入到背包中。在本质上,FNN 扮演着具体问题的模因角色,而且通过扩展,所有可能 FNN 的空间构成了一个模因空间。如前面结论所描述的那样,即便是相当低层次维度(尺度)的一个模因空间,也能够在捕获近似最优解方面表现出足够的灵活性。此时,该模因空间是与原始的 d 比特串相对的。因此,无须任何大幅度的算法改进,经典进化算法就能够继续应用于大规模优化问题的压缩模因空间内。

7.3　数值研究

我们针对一系列背包问题开展了大量数值仿真实验,评估了模因空间进化范式下压缩表征的有效性。我们通过某种方式随机地产生这些背包问题实例,这种方式能够引发物品价值和重量之间的不同相关性。相应地,这些实例被划分为三个不同的类别,即强相关、弱相关和不相关。产生相应实例的过程,如下所述[12]。

(1)强相关:W_i = uniform_rand(1：100),且 $P_i = W_i + 50$。

(2)弱相关:W_i = uniform_rand(1:100),且 $P_i = W_i$ + uniform_rand(−50:50)。此时,$P_i > 0$。

(3)不相关:W_i = uniform_rand(1:100),且 P_i = uniform_rand(1:100)。

对于所有实例,背包的容量是确定的,为 $0.5\sum_{i=1}^{d}W_i$。这意味着,最优的分割将导致大约半数的物品被选取。

对于一项比较研究而言:一方面,执行模因空间进化算法(MSEA)的一个算法实例,该算法将标准的实数编码遗传算子(即模拟二进制交叉和多项式变异)与精英代际选择策略相结合,以便进化 FNN 分类算法的输出突触权重;另一方面,考虑一种简单的二进制进化算法,采取均匀交叉算子、随机比特翻转变异(候选解的每一个比特,都以 $1/d$ 的概率被翻转),以及精英代际选择策略。每种算法运行时采用相同的种群规模(50 个个体),并为算法提供相同的计算资源,即可用进化代数的总数。注意,简单进化算法采用候选解修复启发式方法来得到增强。此时,如果新产生的解与背包容量的约束相冲突,那么所选取的物品将按照他们有效性递增的次序来依次删减掉。简单进化算法和 MSEA 算法所获得的性能特征,如图 7.3 所示。该图描述了一个中等规模弱相关类别的背包问题实例的收敛趋势,其中物品数量 d 为 250。注意,在已进化 FNN 中隐神经元的数量 hn 设置为 50,它远小于物品数量 d。实验结果表明,即便对于中等规模问题,相较于传统方法,压缩模因空间进化仍然显示出明显的性能加速。

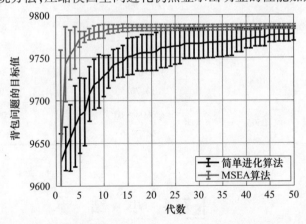

图 7.3 MSEA 算法和简单二进制进化算法的收敛趋势(10 次独立运行的平均值)
(求解中等规模弱相关类别的背包问题,该问题包括 250 个物品。
误差条代表在均值的任意一侧的一个标准偏差。
这个问题的精确全局最优解为 9790,通过动态规划算法获得)。

为了更加系统地测试本文算法求解更大规模问题时的性能,生成了背包问题实例的一个集合,分别包括 1000 个物品和 2500 个物品。我们将问题规模限制为这个规模,这是因为其与大多数大规模优化问题的最新进展保持一致。这些问题出现在进化计算的文献中[13]。需要强调的是,在所有实验中,设置 MSEA 算法的 $hn=50$(远小于物品数量 d),实验结果如表 7.1 所列。无论背包问题的类别如何,尽管在尺度上存在巨大压缩,整体上看 MSEA 算法利用物品特征的内在模式仍然产生了优秀结果。此外,我们发现,与简单进化相比较,MSEA 算法的性能更加连贯(可靠、可重复)。获得结果的标准偏差是这项结论的有力证据。

表 7.1　针对大量大规模背包问题实例,MSEA 算法和简单二进制编码进化算法的比较(两种算法的计算资源均为 25000 次函数评价,括号里面的数值是 10 次运行获得结果的标准偏差)

背包问题类别	规模 d	简单二进制编码进化算法	MSEA 算法
强相关	1000	6.0080×10^4 (42.7017)	6.0132×10^4 (1.8974)
	2500	1.4957×10^5 (82.9675)	1.5032×10^5 (17.4878)
弱相关	1000	4.0128×10^4 (25.7693)	4.0170×10^4 (3.0840)
	2500	9.9061×10^4 (86.6095)	9.9484×10^4 (3.3149)
不相关	1000	4.1620×10^4 (13.7635)	4.1646×10^4 (0.3162)
	2500	1.0008×10^5 (64.3466)	1.0048×10^5 (2.5298)

7.4　小　结

本章展示了一种能够揭示模因模块和基本进化算法之间的典型差异的途径。也就是,按照普适达尔文主义的思想,将进化过程转移至模因空间。这个概念背后的主要动机是,充分利用模因的能力,以便简洁地对当前任务的高层次问题求解知识编码。这些知识被视为经典低层次候选解编码的一种可行替代方案,特别是针对大规模优化问题。

展望未来,模因空间进化的概念能够与时序知识迁移(见第 5 章)和多任务知识迁移(见第 6 章)相结合,使得复杂而且可拓展的搜索行为能够被立即修补。实现这一目标的一种简单且初步的方法是,将 FNN 分类算法的预测置信水平解释为概率度量。这样一来,人们就能够直接利用(前面各章所提出的)基于概率混合建模的模因选择和集成的理论。总之,需要指出的是,基于 FNN 的压缩模因表征的适用性,至少到目前为止,仍然被限制在基于分类的离散优化问题等狭窄领域。因此,在不久的将来,模因计算领域的一个关键点就是,将此处提出的思想一般化,实现在大规模其他实际相关问题上的更广泛应用。

参考文献

[1] Bonyadi, M. R., Michalewicz, Z., Neumann, F., & Wagner, M. (2016). Evolutionary computation for multicomponent problems: opportunities and future directions. *arXiv preprint* arXiv:1606.06818.

[2] Hodgson, G. M. (2005). Generalizing Darwinism to social evolution: Some early attempts. *Journal of Economic Issues*, 39(4), 899-914.

[3] Feng, L., Gupta, A., & Ong, Y. S. (2017). Compressed representation for higher-level meme space evolution: a case study on big knapsack problems. *Memetic Computing*, 1-15.

[4] Bartholdi, J. J. (2008). The knapsack problem. In *Building intuition* (pp. 19-31). Boston: Springer.

[5] Zhai, Y., Ong, Y. S., & Tsang, I. W. (2016). Making trillion correlations feasible in feature grouping and selection. *IEEE Transactions on Pattern Analysis and Machine Intelligence*, 38(12), 2472-2486.

[6] Tan, A. W., Sagarna, R., Gupta, A., Chandra, R., & Ong, Y. S. (2017). Coping with data scarcity in aircraft engine design. In *18th AIAA/ISSMO Multidisciplinary Analysis and Optimization Conference* (p. 4434).

[7] Langevin, A., Soumis, F., & Desrosiers, J. (1990). Classification of travelling salesman problem formulations. *Operations Research Letters*, 9(2), 127-132.

[8] Babaioff, M., Immorlica, N., Kempe, D., & Kleinberg, R. (2007). A knapsack secretary problem with applications. In *Approximation, randomization, and combinatorial optimization. Algorithms and techniques* (pp. 16-28). Berlin: Springer.

[9] Streichert, F., Ulmer, H., & Zell, A. (2004). Evolutionary algorithms and the cardinality con-

strained portfolio optimization problem. In *Operations Research Proceedings* 2003 (pp. 253 – 260). Berlin: Springer.

[10] Aarts, E. H., Stehouwer, H. P., Wessels, J., & Zwietering, P. J. (1994). Neural networks for combinatorial optimization. Eindhoven University of Technology, Department of Mathematics and Computing Science. Memorandum COSOR 94 – 29.

[11] Cover, T. M. (1965). Geometrical and statistical properties of systems of linear inequalities with applications in pattern recognition. *IEEE Transactions on Electronic Computers*, *3*, 326 – 334.

[12] Michalewicz, Z., & Arabas, J. (1994, October). Genetic algorithms for the 0/1 knapsack problem. In *International Symposium on Methodologies for Intelligent Systems* (pp. 134 – 143). Berlin: Springer.

[13] Mahdavi, S., Shiri, M. E., & Rahnamayan, S. (2015). Metaheuristics in large – scale global continues optimization: A survey. *Information Sciences*, *295*, 407 – 428.

附　录

A.1　基于概率模型的优化算法

基于概率模型的优化算法是进化算法的一种类型,它没有采取传统的交叉和变异操作。相反,该方法是基于迭代地构建和抽样搜索分布模型。其目标是最终收敛于一个模型,这个模型(当抽样时)能够生成具有近似最优适应度的候选解。具体地,基于概率模型的基本进化算法重复地执行下述步骤:①在正在优化运行的任意代,提取当前种群的全局统计信息,并构造最优潜力候选解(即那些展现出高适应度值的解)的后验概率分布;②从习得的概率模型中抽样新的(子代的)候选解,以便产生进化个体的下一代种群。在搜索的最初阶段,当尚未收集到全局统计信息时,通过制定具有高方差的一个任意概率模型来启动该算法(算法 A.1)。更重要的,该算法采取由大量个体构成的一个种群,并基于偏好来随机地更新这些个体,这些偏好是具有高适应度候选解的一个所选子集所诱发的。因此,尽管它没有采取传统的交叉和变异操作,但是该算法与进化算法的基本定义仍然保持一致。

基于上述说明,该方法的伪代码如算法 A.1 所示。

算法 A.1：基于概率模型的进化算法

1. **初始化**：在搜索空间 X 上，人工指定一个分布 $p^0(x)$
2. 设置 $t = 0$
3. repeat
4.   从 $p^t(x)$ 中抽样，生成子代种群 X_{pop}^C
5.   **for** 每一个个体 $x_i \in X_{\text{pop}}^C$
6. $f_i \leftarrow$ 评价 x_i
7.   **end for**
8. $t \leftarrow t + 1$
9.   从子代种群 X_{pop}^C 中执行依赖适应度的选择操作，生成父代种群 X_{pop}^t
10.   构建父代种群 X_{pop}^t 的概率模型 $p^t(x)$
11. **until** 满足终止条件

内 容 简 介

目前,计算智能领域存在着两个关键要素:在数字信息时代发展迅速的机器学习技术,以及发展相对缓慢的通用搜索和优化算法。而且,这两个要素之间的分歧日益显著。本书旨在两者之间构建一座桥梁,因此借助模因计算(MC)的框架,提出了一种数据驱动视角下的优化方法。作者按时间顺序,系统总结了模因计算领域的相关研究工作。起初,模因被视为与进化算法相结合的局部搜索启发式方法。目前,模因的现代解释是问题求解知识的计算上已编码的积木块,这些知识能够从一项任务中获得,并自适应地迁移至另一项任务中。根据最新研究成果,作者强调了模因计算的进一步发展,将其视为一种同步的问题学习和优化范式,能够潜在地展示出类人的问题求解能力;通过配备优化算法来获得智能水平的日益提升,在优化算法中往往会嵌入一些独立或相互获得的模因。换句话说,可行知识模因的自适应利用,使得优化算法能够立即拟定出定制化的搜索行动,这就为通用问题求解能力(或者通用人工智能)铺平了道路。有鉴于此,本书探讨了来自于优化方法文献的一些最新概念,包括问题间的时序知识迁移、多任务知识迁移以及大规模(高维度)搜索,同时还讨论了相关的算法进展,它们与模因论的一般性主题一致。

本书所提出的思想适合于众多读者,包括科学研究者、工程师、学生以及优化算法方面的实践者,他们对于进化计算领域的常用专业术语非常熟悉。想要准确理解这些数学公式和算法,读者需要具备概率论和统计学方面的初步背景以及机器学习的相关概念。掌握代理辅助优化或者贝叶斯优化技术的先验知识是有益的,但不是必需的。

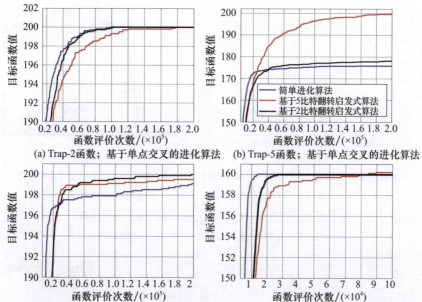

图 2.2 采用简单进化算法和经典模因算法求解级联 trap−2 函数和 trap−5 函数时,获得的平均收敛趋势(其中,经典模因算法采用了各种交叉算子和随机局部搜索启发式算法的不同组合形式)

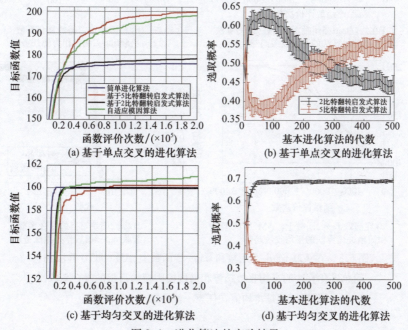

图 3.4 进化算法的实验结果

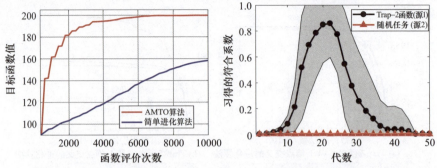

(a) AMTO算法和简单进化算法的平均收敛趋势　　(b) 模因模块习得的复合系数趋势

图 5.3　AMTO 算法和简单进化算法在级联 trap−5 函数上的平均收敛趋势，以及借助 AMTO 算法的模因模块习得的复合系数趋势

（阴影区域是将均值在任意一侧叠加一个标准差）

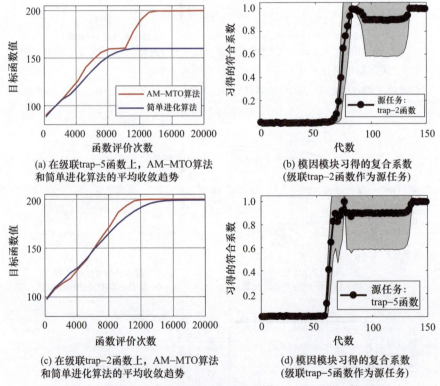

(a) 在级联trap-5函数上，AM-MTO算法和简单进化算法的平均收敛趋势　　(b) 模因模块习得的复合系数（级联trap-2函数作为源任务）

(c) 在级联trap-2函数上，AM-MTO算法和简单进化算法的平均收敛趋势　　(d) 模因模块习得的复合系数（级联trap-5函数作为源任务）

图 6.3　在级联 trap−5 函数和 trap−2 函数上，AM−MTO 算法和简单进化算法的平均收敛趋势和借助模因模块习得的复合系数

（阴影区域是将均值在任意一侧叠加一个标准差）